Inhaltsverzeichnis

1 **Vorbemerkungen** 5
   1.1   Ziele 5
   1.2   Übungsbeispiele 8
   1.3   Führungsvorgang als kontinuierlicher Prozess .. 9
   1.4   Gefahren der Einsatzstelle, Beurteilung, Befehlsgebung 10
   1.5   Lagemeldungen 13
   1.6   Ordnung der Einsatzstelle 14
   1.7   Berücksichtigte Fahrzeugtypen und Besatzungen 16
   1.8   Atemschutz 17
   1.9   Einsatzabschluss 18

2 **Hinweise zur Durchführung von Einsatzübungen**   19
   2.1   Zweck 19
   2.2   Entscheidungstraining 19
   2.3   Stabsübungen als Führungs- und Kommunikationstraining 20
   2.4   Vollübungen 22

3 **Übungsbeispiele für eine Staffel** 34
   Übungsbeispiel 1 – Zimmerbrand 34
   Übungsbeispiel 2 – Fahrzeugbrand 37
   Übungsbeispiel 3 – Brunnenschachtunfall 41
   Übungsbeispiel 4 – Werkstattbrand 44

Inhaltsverzeichnis

4 Übungsbeispiele für eine Gruppe 51
   Übungsbeispiel 5 – Schornstein 51
   Übungsbeispiel 6 – Wohnhauskeller 54
   Übungsbeispiel 7 – Tapeten- und Farbengeschäft 60
   Übungsbeispiel 8 – Schrottplatz 66

5 Übungsbeispiele für einen Zug 73
   Übungsbeispiel 9 – Güterschuppen 73
   Übungsbeispiel 10 – Holzbaracke 78
   Übungsbeispiel 11 – Wohnhaus 85
   Übungsbeispiel 12 – Holzlagerplatz 91

6 Übungsbeispiele Technische Hilfeleistung 99
   Übungsbeispiel 13 – Verkehrsunfall 99
   Übungsbeispiel 14 – Spedition 103

7 Fazit 109

Weiterführende Literatur 110

Rotes Heft 24

Feuerwehr-Einsatzübungen

14 einfache Übungsbeispiele für den Ausbildungsdienst in den Feuerwehren

von
Prof. Dr.-Ing. Wilhelm Rust
Brandmeister FF (Nds.)

unter Mitarbeit von
Dipl.-Finanzw. (FH) Christoph Rust
Löschmeister FF (Thü.)

Dr.-Ing. Wilhelm Rust
Hauptlöschmeister FF (Nds.)

14., überarbeitete Auflage

Verlag W. Kohlhammer

Wichtiger Hinweis
Der Verfasser hat größte Mühe darauf verwendet, dass die Angaben und Anweisungen dem jeweiligen Wissensstand bei Fertigstellung des Werkes entsprechen. Weil sich jedoch die technische Entwicklung sowie Normen und Vorschriften ständig im Fluss befinden, sind Fehler nicht vollständig auszuschließen. Daher übernehmen der Autor und der Verlag für die im Buch enthaltenen Angaben und Anweisungen keine Gewähr.

Die Abbildungen stammen – sofern nicht anders angegeben – vom Autor.

14. Auflage 2026

Alle Rechte vorbehalten
© W. Kohlhammer GmbH, Stuttgart
Gesamtherstellung:
W. Kohlhammer GmbH, Heßbrühlstr. 69, 70565 Stuttgart
produktsicherheit@kohlhammer.de

Print: ISBN 978-3-17-043700-5

E-Book-Formate:
pdf: ISBN 978-3-17-043702-9
epub: ISBN 978-3-17-043703-6

Für den Inhalt abgedruckter oder verlinkter Websites ist ausschließlich der jeweilige Betreiber verantwortlich. Die W. Kohlhammer GmbH hat keinen Einfluss auf die verknüpften Seiten und übernimmt hierfür keinerlei Haftung.

1 Vorbemerkungen

1.1 Ziele

Sinnvolle Maßnahmen bei Brand- und sonstigen Feuerwehreinsätzen stützen sich auf eine richtige Beurteilung der Lage, den folgerichtigen Entschluss und überlegte Anordnungen des Leitenden. Eine sichere Lagebeurteilung, Entschlussfähigkeit und -freudigkeit sowie die Erteilung von klaren, einfachen und ausführbaren Befehlen setzen jedoch fachliches Wissen und dessen Anwendung in der Praxis – also Einsatzerfahrungen – voraus.

Fachwissen kann man sich durch entsprechende Schulung, Interesse, Fleiß und Geduld aneignen. Das Sammeln von Einsatzerfahrungen dagegen ist abhängig von den örtlichen Gegebenheiten, von der Tätigkeit im Feuerwehrdienst u. Ä., also mehr oder weniger von Zufällen. Auf Zufälle kann sich ein Feuerwehrführer aber nicht verlassen. Er muss zu seiner und der Mannschaft ständigen Fortbildung planmäßig geeignete Übungen durchführen, am Objekt oder als Planübung. Diese Übungen sollten auf die Leistungsfähigkeit der jeweils übenden Einheiten abgestimmt, wirklichkeitsnah, einfach und leicht fassbar sein.

Das vorliegende Rote Heft ist als Anregung gedacht, dass Führer der unterschiedlichen Ebenen (insbesondere angehende) die vorkommenden Entscheidungsprozesse, d. h. den Führungsvorgang, einüben können, indem sie sich diese an vorgegebenen Lagen vergegenwärtigen.

1 Vorbemerkungen

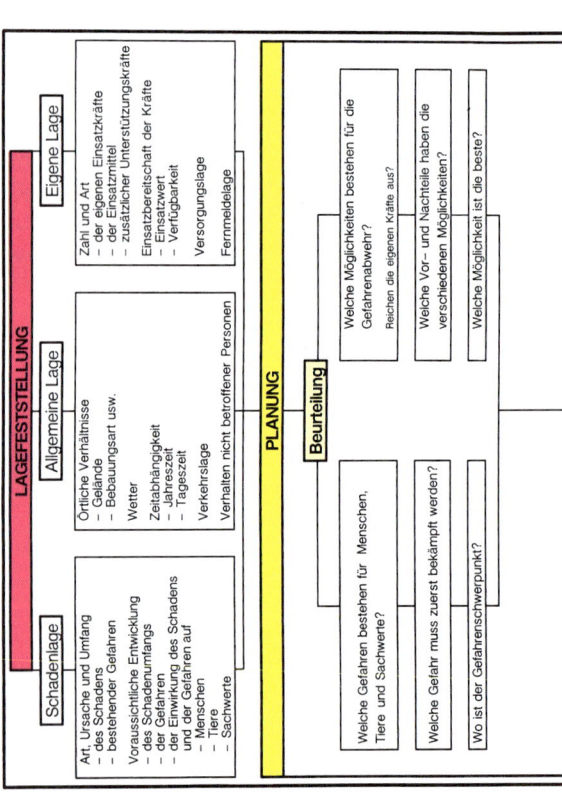

Bild 1a: *Der Führungsvorgang*

1 Vorbemerkungen

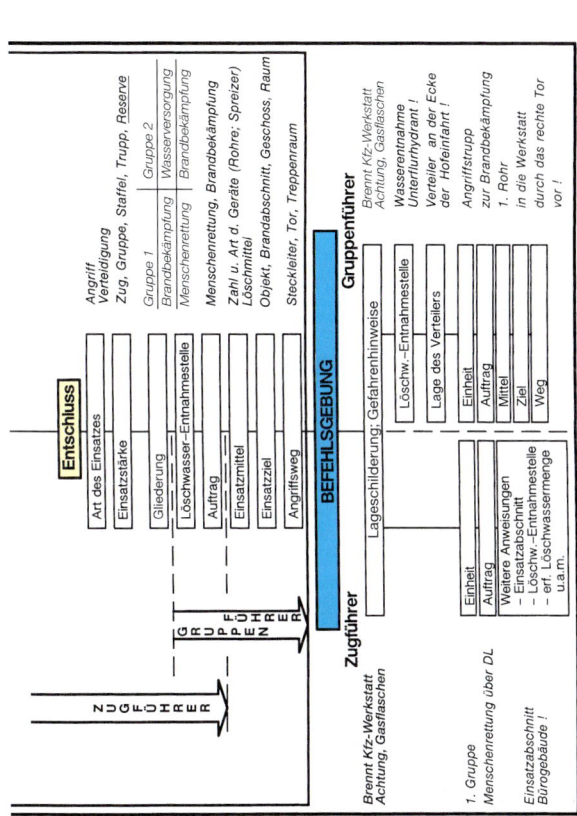

Bild 1b: *Der Führungsvorgang (Fortsetzung)*

1 Vorbemerkungen

1.2 Übungsbeispiele

Zur Erreichung der Ziele enthält das vorliegende Rote Heft dazu je vier Übungsbeispiele für Staffel, Gruppe und Zug sowie zwei Übungsbeispiele zur Technischen Hilfeleistung. Jede Übung gliedert sich in:
1. Lagefeststellung
2. Planung
3. Befehlsgebung
4. Kurzbeschreibung der Übung mit Begründung der getroffenen Maßnahmen.

Die im Heft enthaltenen Skizzen sollen das Verständnis für die Lage und die Maßnahmen zur Schadenbekämpfung erleichtern.

Der Einheitsführer findet bei seinem Eintreffen an der »Einsatzstelle« die in den einzelnen Übungsbeispielen angegebenen Lagen vor. Deren Merkmale sind neben Ort, Zeit und Wetter die Art und Stärke des Brandes (oder eines sonstigen Schadens) und der Einsatzwert der eigenen Kräfte. Als Ersatz für die Wirklichkeit enthält die Lage bei den Übungsbeispielen bereits ein Erkundungsergebnis. Die Übungen im Löscheinsatz können nach der Feuerwehr-Dienstvorschrift (FwDV) 3 »Einheiten im Lösch- und Hilfeleistungseinsatz« »mit« oder »ohne Bereitstellung« durchgeführt werden. Im Übrigen können die Übungsbeispiele sinngemäß bei beliebigen Gebäuden bzw. Objekten angewendet werden. Bei dem Übungsbeispiel 14 ist neben der FwDV 3 auch die FwDV 500 »Einheiten im ABC-Einsatz« zu beachten.

1 Vorbemerkungen

Überlegungen zur Beurteilung der Lage und zur Durchführung des Entschlusses sowie Hinweise für Inhalt und Abfassung des Befehls enthält das Schema auf den vorhergehenden Seiten (▶ Bild 1).

1.3 Führungsvorgang als kontinuierlicher Prozess

Das Schema aus ▶ Bild 1 ergänzt und erläutert das Modell des Führungsvorgangs (▶ Bild 2) der Feuerwehr-Dienstvorschrift (FwDV) 100 »Führung und Leitung im Einsatz«. Folgende Unterteilung hat sich begrifflich als zweckmäßig erwiesen und ist deshalb in der FwDV 100 eingeführt:

- Lagefeststellung (Erkundung der Lage/Kontrolle)
- Planung (Beurteilung der Lage, Entschluss zur Durchführung des Einsatzes)
- Befehlsgebung.

Wie aus ▶ Bild 2 ersichtlich ist, handelt es sich hierbei um einen zielgerichteten, immer wiederkehrenden und in sich geschlossenen Denk- und Handlungsablauf. Nur durch die wiederholte Erkundung der Lage wird die notwendige Kontrolle für die Durchführung und Richtigkeit der gegebenen Befehle sichergestellt und gegebenenfalls eine erneute Planung und Befehlsgebung ausgelöst. Der Führungsvorgang ist also nach der Befehlsgebung immer wieder durch eine weitere Lagefeststellung fortzusetzen. Diese dient neben der allgemeinen Feststellung eingetretener Lageveränderungen und der Vervollständigung des Lagebildes vor allem der Kontrolle der

1 Vorbemerkungen

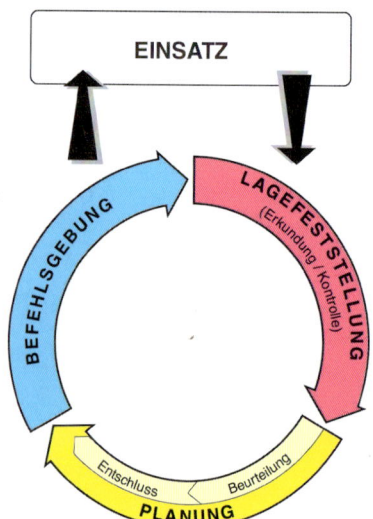

Bild 2: *Kreisschema des Führungsvorgangs nach FwDV 100 (vergleiche Schläfer 1998, S. 13)*

Auswirkung der bisher gegebenen Befehle. Kontrolle ist eine ständige Aufgabe im Rahmen der Lagefeststellung.

1.4 Gefahren der Einsatzstelle, Beurteilung, Befehlsgebung

Bei der Beurteilung der Lage hinsichtlich der Art der zu erwartenden Gefahren für Menschen, Tiere, Umwelt und Sachwerte hat sich die folgende Einteilung (AAAACEEEE) als hilfreich erwiesen:

1 Vorbemerkungen

Gefahren durch
- **A**temgifte
- **A**ngstreaktion
- **A**usbreitung
- **A**tomare Strahlung
- **C**hemische Stoffe
- **E**rkrankung/Verletzung
- **E**xplosion
- **E**insturz
- **E**lektrizität.

Zusätzlich unverzichtbar ist die Beachtung der Gefahren durch
- **Absturz** und
- fließenden **Verkehr.**

Neue Erkenntnisse über die Lage ergeben sich häufig durch Beobachtungen der vorgehenden Trupps. Um die eingesetzten Trupps zu *auswertbaren* Lagemeldungen an den Staffel- bzw. Gruppenführer zu veranlassen, sind bei Einsatzübungen Hilfsmittel einzusetzen (▶ Kapitel 2 »Hinweise zur Durchführung von Einsatzübungen«).

Dabei brauchen weder bei Einsätzen noch bei Planübungen oder im Übungsdienst alle angeführten Einzelheiten der Lage und ihrer Beurteilung in Erscheinung zu treten. Planübungen und Einsatzübungen sollten nur die Merkmale enthalten, die zum festgelegten Übungszweck in direkter Beziehung stehen. Allerdings müsste der folgende Gedankenaufbau Bestandteil jeder Lagebeurteilung sein:

- *»Welche Möglichkeiten bestehen, die Gefahren abzuwehren?*

1 Vorbemerkungen

- *Welche Vor- und Nachteile haben die verschiedenen Möglichkeiten?*
- *Welche Möglichkeit ist demnach die beste?«*

Vereinfacht heißt das:
- *»Was soll ich?*
- *Was kann ich?*
- *Was tue ich?«*

Ebenso erleichtert die Folge
- *»Wer?* (Einheit)
- *Was?* (Auftrag)
- *Womit?* (Mittel)
- *Wohin?* (Ziel)
- *Wie?* (Weg)«

die Abfassung eines Einsatzbefehls (siehe auch Befehlsschema in den Feuerwehr-Dienstvorschriften 3 und 100).

Für die Befehlserteilung sind grundsätzlich die Feuerwehr-Dienstvorschriften anzuwenden. Die FwDV 3 führt für den Einheitsführer aus: »**Nach ... einer kurzen Lageschilderung** befiehlt er: ...«. Dies kann wesentlich zum Verständnis der Befehle beitragen.

Bei Einsatz von mehreren Einheiten – Trupps, Staffeln, Gruppen oder Zügen – gibt der Einsatzleiter seine Befehle grundsätzlich nur an deren Führer. Es darf keine Führungsebene übersprungen werden. Jede direkte Befehlserteilung an einzelne Feuerwehrangehörige führt zwangsläufig zu einem Durcheinander. Nur in Ausnahmefällen, wie z. B. bei drohender Einsturz- oder Explosionsgefahr, darf von dieser Regel abgewichen werden.

1 Vorbemerkungen

Die »Kurzbeschreibung der Übung mit Begründung der Maßnahmen« enthält gelegentlich Hinweise auf andere Lösungsmöglichkeiten einer Aufgabe, denn nur selten gibt es »die Patentlösung«. Oft führen mehrere Wege zum gleichen Ziel, sicher gibt es noch mehr Lösungsmöglichkeiten, als hier aufgeführt sind. Immer ist jedoch entschlossenes Handeln für den Erfolg von entscheidender Bedeutung; eine Fehlentscheidung kann weniger schwer wiegen als Entschlusslosigkeit.

1.5 Lagemeldungen

Der Einsatzleiter muss so bald wie möglich die Leitstelle über die vorgefundene Lage und seine getroffenen Maßnahmen verständigen. Lagemeldungen erfolgen in der Regel per Funk. Klarheit und Vollständigkeit des Meldetextes sowie die fehlerfreie Durchgabe kennzeichnen den Wert jeder Meldung. Angaben wie z.B. *»keine Menschen in Gefahr«* oder *»keine Atemschutzgeräte erforderlich«* sind unnötig und daher zu unterlassen; sie können sogar zu sinnwidrigen Verwechslungen führen.

Ausnahmen von dieser Regel:
- Durch die Alarm- und Ausrückeordnung vorgegebene oder vom Einsatzleiter bereits veranlasste Maßnahmen sollen abgebrochen werden. (*»Nachgeforderte Kräfte werden nicht mehr benötigt.«*)
- Die vorgefundene Lage erweist sich als deutlich weniger schwerwiegend als vom Hinweisgeber an die Leitstelle und von dieser an die Einsatzkräfte

übermittelt. (»*Nach Erkundung doch keine Person mehr eingeschlossen.*« Nicht jedoch: »*Noch keine Person gefunden.*«)

Vielerorts ist es selbstverständlich, dass bei bestimmten Lagen der Rettungsdienst gleichzeitig mit der Feuerwehr alarmiert wird. In den Beispielen wird dennoch bei Bedarf entsprechend nachgefordert. Auch in der Praxis muss daran gedacht und zumindest überprüft werden, ob der Rettungsdienst bereits anrückt.

1.6 Ordnung der Einsatzstelle

Bereits bei der Anfahrt zur Einsatzstelle und bei der Aufstellung der Fahrzeuge ist darauf zu achten, dass die Fahrzeuge einsatzfähig und ungefährdet bleiben. Die Aufstellung hat so zu erfolgen, dass der Zugang zur Einsatzstelle und die Durchführung des Einsatzes nicht behindert werden. Insbesondere ist darauf zu achten, dass der Einsatz von Drehleitern und das An- und Abrücken von Rettungswagen jederzeit möglich ist. In Höfe, Sackgassen, Grundstückseinfahrten usw. ist nur dann einzufahren, wenn dies erforderlich und ohne Behinderung der Einsatzfähigkeit möglich ist. Der Einsatzleiter entscheidet je nach Lage über die Zahl und Stärke der Trupps unter Atemschutzgeräten sowie über die Bereitstellung von Sicherheitstrupps.

Die zweckmäßige Wahl des Platzes für die Befehlsstelle ist für den Einsatzleiter von großem Wert. Er braucht eine gute

1 Vorbemerkungen

Übersicht über die gesamte Schadenstelle und muss für Meldungen stets erreichbar sein.

Bei den Übungsbeispielen befindet sich der Zugführer im Rahmen der Zugeinsätze auf dem ersten Fahrzeug, da ihm auch im Ernstfall nicht immer ein Führungsfahrzeug zur Verfügung steht.

Nur im Übungsbeispiel 12 ist ein Zugtrupp nach FwDV 3 »Einheiten im Lösch- und Hilfeleistungseinsatz« vorgesehen. In dieser Feuerwehr-Dienstvorschrift wurde die Zugstärke mit 1/3/18/22 festgelegt, aufgeteilt in den Zugführer, einen Zugtrupp bestehend aus dem Führungsassistenten, dem Melder/Funker 1 und dem Fahrer/Funker 2, Stärke also 1/2/3, und zwei Gruppen, Stärke je 1/8/9. In vielen Fällen sind aufgrund örtlicher Verhältnisse Abweichungen erforderlich. Es können z. B. zwei Einheiten – Staffel und Trupp – eine Gruppe bilden. (Nach FwDV 3 werden die Führer von Staffel und Selbstständigem Trupp als Gruppenführer gezählt, sodass sich in diesem Fall eine Stärke von 1/4/17/22 ergibt.) *Die Züge sind deshalb – der Wirklichkeit entsprechend – personell und fahrzeugmäßig verschieden zusammengesetzt.* In den Übungsbeispielen wird bei der Stärkeangabe auf die Summenbildung (z, g, m, s) verzichtet, also nur die Anzahl der Zugführer/Gruppenführer/Mannschaftsfunktionen angegeben.

1 Vorbemerkungen

1.7 Berücksichtigte Fahrzeugtypen und Besatzungen

Auf Übungen mit Drehleiter-Einsatz wurde verzichtet, da eine Drehleiter nicht überall im Zug mitgeführt wird. Für die Gliederung und Ausrüstung der Mannschaft, die Befehlsgebung u. Ä. sind die Feuerwehr-Dienstvorschriften zugrunde gelegt; für die feuerwehrtechnische Beladung der Löschfahrzeuge gilt die Normengruppe DIN 14530.

Für den Ersteinsatz der Feuerwehr werden nach aktueller Norm häufig Fahrzeuge der Fahrzeugtypen (H)LF 10 bzw. (H)LF 20 beschafft. Die Besatzung dieser Fahrzeuge besteht nach Norm aus einer Gruppe. Gleichwohl kennt die FwDV 3 die Staffelbesatzung mit Angriffs- und Wassertrupp, die sich auch für das Ersteinsatzfahrzeug bestens bewährt hat. Deshalb kommt in einigen Übungsbeispielen das LF 20 mit dem Hinweis vor, dass es nur mit einer Staffel besetzt sei – eine Konfiguration, die im Einsatzalltag nicht selten genutzt wird, sei es, um kurze Ausrückezeiten zu gewährleisten oder um Personalressourcen zu schonen, die noch für weitere ausrückende Einsatzfahrzeuge benötigt werden.

Um die örtlichen Verhältnisse bei der Beladung der Feuerwehrfahrzeuge berücksichtigen zu können, gibt es in den einschlägigen Normen Hinweise zur Beladung mit Sondergeräten und Geräten zur Technischen Hilfeleistung. Hierunter fallen z. B. die dreiteilige Schiebleiter sowie Spreizer und Schneidgerät oder die Tragkraftspritze PFPN 10-1000 beim LF 10.

1 Vorbemerkungen

1.8 Atemschutz

Beim Brand entstehen Atemgifte. Dagegen müssen die Einsatzkräfte mit Atemschutzgeräten geschützt werden. Dies ist so selbstverständlich, dass es in den Erörterungen nicht mehr besonders begründet werden muss. Ebenso wenig muss sich der Einsatzleiter in seinem Entscheidungsprozess mit der Erkenntnis über diese *Gefahr für die Einsatzkräfte* und deren *Beurteilung* aufhalten.

Nach der FwDV 3 wird der Wassertrupp beim Atemschutzeinsatz automatisch Sicherheitstrupp. In den Übungsbeispielen wird der Sicherheitstrupp der Klarheit wegen aber vom Einheitsführer direkt beauftragt. Je nach den spezifischen Gegebenheiten kann es in der Praxis nützlich sein, das erste Fahrzeug mit zwei, aber weniger als vier Atemschutzträgern ausrücken zu lassen und die Stellung des Sicherheitstrupps dem in Kürze nachrückenden Fahrzeug zu überlassen. Ein Vorgehen unter Atemschutz ist erst bei ausgerüstetem Sicherheitstrupp möglich, Vorbereitungen können aber schon getroffen werden.

Die nach der Feuerwehr-Dienstvorschrift 7 »Atemschutz« vorgeschriebene Atemschutzüberwachung ist in den Beispielen nicht erwähnt, soll aber stets durchgeführt werden. Die Verantwortung für die Atemschutzüberwachung liegt beim jeweiligen Führer der taktischen Einheit. Dieser kann geeignete Personen damit beauftragen. Von der Möglichkeit, dass sich ein Trupp bereits auf der Anfahrt auf Befehl mit Atemschutz ausrüstet, soll natürlich Gebrauch gemacht werden. Auf die weitere Befehlsgebung hat dies jedoch wenig Einfluss.

1 Vorbemerkungen

1.9 Einsatzabschluss

Nach der Brandbekämpfung muss die Brandstelle gesichtet und so weit geräumt werden, dass ein Weiterschwelen unter dem Brandschutt und ein erneutes Aufflammen ausgeschlossen werden kann. Es ist eine selbstverständliche Aufgabe der Feuerwehr, der Polizei bei der Ermittlung der Brandursache, insbesondere bei der »Spurensicherung«, zu helfen. Deshalb müssen sich Veränderungen der Brandstelle auf das zur Sicherstellung des Auftrages notwendige Maß beschränken. Vor Verlassen der Schadenstelle ist nochmals eine gründliche Untersuchung, einschließlich der Umgebung, erforderlich. Bei umfangreichen oder unübersichtlichen Brandstellen ist eine ausreichend starke Brandwache zurückzulassen. Zum Abschluss des Einsatzes erfolgt eine Übergabe der Einsatzstelle, je nach Fall an den Besitzer, die Polizei oder eine andere Behörde. Weitere Maßnahmen sollen hier nicht besprochen werden; ihre Behandlung ginge über den Rahmen dieses Heftes hinaus.

2 Hinweise zur Durchführung von Einsatzübungen

2.1 Zweck

Zu Beginn der Planung einer Einsatzübung muss der Übungszweck festgelegt werden. Hauptsächlich sind dies das Entscheidungs- und Führungstraining, die Erprobung der Kommunikation zwischen den Führungsebenen, wobei hier auch die Ebene zwischen den Gruppenführern und ihren Trupps eingeschlossen ist, und das Überprüfen regelmäßig vorkommender Abläufe.

2.2 Entscheidungstraining

In diesem Heft werden Lagen beschrieben, unterstützt durch Skizzen. Das Entscheidungs- und Führungstraining kann hier vom Leser eigenständig betrieben werden; die gefundenen Lösungen können dann mit den hier beschriebenen Entschlüssen und Maßnahmen verglichen werden.

Teilweise an die Stelle von Beschreibungen können optische Lagedarstellungen treten. Das können Skizzen sein, aus denen die Lage abzulesen ist, aufbereitete Fotos, auch Bilder aus Fachzeitschriften oder der Tagespresse. Immer gelten die Fragen: »*Was sehe ich, wie beurteile ich es und was würde ich entscheiden?*«

2 Hinweise zur Durchführung von Einsatzübungen

Eine Steigerung davon sind virtuelle Rundgänge, im einfachsten Fall Aufnahmen mit einer »Panorama«-Funktion, die am Rechner mit Schadenserscheinungen ergänzt wurden. Dies entspricht einer Erkundung von einem Punkt aus nach allen Richtungen, die etwas über die Schadenlage und evtl. gefährdete Nachbarschaft aussagen kann. Die nächste Stufe wäre eine »Streetview«-Funktion in der Umgebung eines geeigneten Objektes, pseudo-dreidimensional, wohl aber nicht um Schadendarstellungen ergänzbar.

Für die vier Phasen der Erkundung genügen oft Einzelbilder bzw. ein Text für das *Befragung*sergebnis. Zur Darstellung im Training bietet sich ein Bildschirm an. Mehr Details zur Aufbereitung finden sich in ▶ Kapitel 2.4 »Vollübungen«. Spätestens, wenn die Lagedarstellung Interpretationsspielraum bietet, benötigt man einen Übungsleiter/Ausbilder.

Auch Planübungen (Planspiele) (▶ »Weiterführende Literatur«) trainieren im Wesentlichen Beurteilung und Entschluss. Es handelt sich nur um eine besondere Form der Lagedarstellung, typischerweise am 3D-Modell. Entsprechende Software erweitert die Möglichkeiten, weil die Modelle virtuell betreten und Lageänderungen sowie Maßnahmen eingespielt werden können.

2.3 Stabsübungen als Führungs- und Kommunikationstraining

Stabsübungen, bei denen die fiktive Lage nur dargestellt wird und der Stab sie nur unter sich – natürlich unter Beobachtung –

abarbeitet, gehören zum Entscheidungstraining. Zur Stabsarbeit, zum Führungsvorgang als Ganzes, gehört aber auch die Kommunikation: bzgl. der Lage die besondere Form der Entgegennahme, bzgl. der Maßnahmen der Weg der Befehlsgebung. Hierzu können zugeordnete Fernmeldeeinheiten und Führungshilfspersonal wie Lagekartenführer und Nachweiser eingebunden werden. Für die Lagedarstellung im Zuge der Abarbeitung sind Luftbilder eine gute Basis, im geeigneten Maßstab vorhandene Karten aber ebenso. Beides sollte dann mit taktischen Zeichen ergänzt werden.

Ein Kommunikationsmittel kann der klassische Vierfachvordruck sein bzw. Software, die diesen ersetzt, aber auch die Dokumentation vereinfacht. Man benötigt Gegenstellen, z. B. den Übungsleiter, Führer nachgeordneter Einheiten oder einen Gegenstab. Letzterer kann am ehesten darüber wachen, dass sich die Übung in Richtung des gedachten Ziels entwickelt und mit weiteren Einspielungen steuernd oder lageverschärfend eingreifen.

Was für einen Stab gilt, lässt sich auch auf einen Zugtrupp herunterbrechen – und damit auf die Größe der in diesem Heft behandelten Einheiten. Letztlich ändert sich nur der Umfang der Lage, die Größe des Teams und die zu verwendende Software. Zugführer und Führungsassistent machen vornehmlich Entscheidungstraining, die Funker üben Kommunikation und Dokumentation.

Damit Stabsübungen in Echtzeit ablaufen, muss vorher gut überlegt werden, wie schnell bestimmte Vorgänge typischerweise ablaufen. Das erklärt auch eine Funktion eines mehrköpfigen Gremiums auf der Seite der Übungsleitung.

2 Hinweise zur Durchführung von Einsatzübungen

2.4 Vollübungen

2.4.1 Zweck und Durchführung

Bei Vollübungen ist eher gewährleistet, dass die Maßnahmen in Echtzeit durchgeführt werden. Außerdem lassen sich hiermit standardisierte Vorgänge, wie der Atemschutzeinsatz mit Überwachung, Sicherheitstrupp und lückenloser Ablösung trainieren. Fertigkeiten der Mannschaft, wie die Handhabung von Geräten, testet und verbessert man lieber in kleinen Einheiten. Vollübungen sind auch bei schwiegen Wasserversorgungsverhältnissen sinnvoll.

Stehen andererseits höhere Führungsebenen im Vordergrund, ist zu prüfen, ob nicht Planspiele oder Stabsübungen die geeigneteren Übungsformen sind.

Es hat sich als zweckmäßig erwiesen, dass der für die Vorbereitung der Übung Verantwortliche die Übung nur beobachtet, aber nicht leitet. Sonst würden wesentliche Teile des Führungsvorgangs, nämlich Erkundung, Beurteilung und Entschluss, vorweggenommen und damit nicht unter Zeitdruck geübt. Außerdem muss der Ablauf der Übung – je nach Übungsumfang – von einer oder mehreren nicht in das Geschehen eingebundenen Personen beobachtet werden. So können eventuell auftretende Fehler erkannt und später gemeinsam besprochen werden.

Oft bestimmen Gelegenheiten oder der Wunsch Dritter das Übungsobjekt. Es muss aber für den beabsichtigten Zweck einschließlich der fiktiven Lage geeignet sein und die Abarbeitung durch die eingesetzten Kräfte darf nicht durch zu viele

Einschränkungen behindert sein. Ein Punkt ist hierbei der Gebrauch von Wasser. Im Innenangriff einen leeren Schlauch hinter sich her zu ziehen, ist eine starke Vereinfachung. Ist es mithilfe präparierter Strahlrohre möglich, die Schläuche zu füllen, ohne Wasser abzugeben oder austreten zu lassen? (Kann das Restrisiko getragen werden?) Eine Alternative kann das Befüllen der Schläuche mit Druckluft sein, z. B. mithilfe einer präparierten Blindkupplung und der Armatur von Hebe- oder Dichtkissen (▶ Bild 3). Damit werden die Schläuche zwar leichter als mit Wasserfüllung, bleiben aber sperrig.

Bild 3: *Blindkupplung mit Reifenfüllanschluss, mit Anschluss für Hebekissenarmatur*

Völlig unrealistische Lagen finden bei der Mannschaft selten Anklang. Es kann aber erforderlich sein, das an sich unwahrscheinliche Zusammentreffen unterschiedlicher Ereignisse anzunehmen, um alle vorhandenen Kräfte einsetzen zu können. So kann eine Feuerwehreinheit aus einem Löschzug und einer Rüstkomponente aus z. B. Rüstwagen und/oder HLF bestehen, die bei einer Übung zusammen eingesetzt werden sollen, schon damit die Mannschaft auch genügend Fahrzeugplätze vorfindet. Dann muss eine Brandbekämpfung, meist mit Menschenrettung, und eine notwendige Technische Hilfeleistung her. Schön, wenn man erklären kann, wie beides einander bedingt, z. B. Unfall als Ursache des Brandes oder ein Brand als Ursache für die TH-Lage, und man das auch noch logisch zusammenhängend darstellen kann. Wenn beides nur räumlich und zeitlich zusammentrifft, tut das dem Übungserfolg aber auch keinen Abbruch. So etwas kann auch bei größeren Einheiten eingebaut werden. So sollte eine Bereitschaft entsprechend ihrer Bestimmung in einen schon länger entwickelten Brand eingreifen. Da sie aber auch einen Löschzug mit TH-Ausrichtung umfasste, gab es rein zufällig bei Eintreffen der Bereitschaft eine plötzliche Zuspitzung der Lage, die Personensuche und Menschrettung mit Technischer Hilfe erforderlich machte.

2.4.2 Lagedarstellung und Erkundung

Wichtig – insbesondere bei Vollübungen – ist, dass der Einsatzleiter und auch nachgeordnete Führer sowie vorgehende Trupps die Lage erkunden müssen. Deshalb sollten sich mündliche Schilderungen bei Eintreffen der Einsatzkräfte auf das beschränken, was in der Realität von Betroffenen beschrieben werden kann.

Alle weiteren Informationen werden möglichst optisch gegeben. Rauch lässt sich am besten mit Nebelmaschinen darstellen. Von der Verwendung von Nebeltöpfen (der Bundeswehr) oder Seenot-Rauchtöpfen in geschlossenen Räumen wird wegen der damit verbundenen Brandgefahr und der Rückstände abgeraten. Auch bei der Nutzung von Nebelmaschinen in Gebäuden sollte darauf geachtet werden, dass nur Nebelfluide verwendet werden, die rückstandsfrei sind und sich somit nicht mit einem »Schmierfilm« an Wänden und Gegenständen niederschlagen. Informationen hierzu können aus Unbedenklichkeitsbescheinigungen und den zum Nebelfluid dazugehörigen EU-Sicherheitsdatenblättern entnommen sowie beim Hersteller erfragt werden.

Um in Gebäuden bzw. Räumen einen Feuerschein zu simulieren, können blinkende Warnleuchten in den Nebel gestellt werden. Auch gibt es Videos oder Bildschirmschoner, die Lager- oder Kaminfeuer darstellen. Die Frage ist nur, wie man sie in eine Übung einbringt, ohne die notwendige Technik zu gefährden. Für eine möglichst reale Wahrnehmung bei der Anfahrt könnte – wenn die Umgebung und der Untergrund dies zulassen – eine Brennwanne mit Treibstoff entzündet werden. Dabei ist eine Brandwache mit geeignetem Löschmittel zwingend erforderlich. Aus Gründen des Umweltschutzes und mit Rücksicht auf evtl. vorhandene Nachbarschaft sollte diese Art der Darstellung allerdings nur in geringem Maße eingesetzt werden.

Abdunkelungen der Atemmasken oder von Handscheinwerfern können den Atemschutzeinsatz realistischer machen, jedoch ist es schwierig, das richtige Maß zu treffen. Schließlich ist in der Realität die Sichtweite zwar stark eingeschränkt, aber nicht null und am Boden etwas besser. Zudem verhindert das vollflächige Abkleben der Sichtscheibe der Atemschutzmaske das von der Atemschutzüberwachung zu verlangende Ablesen des Manometers und den Einsatz einer handgehaltenen Wärmebildkamera. Eine gute Lösung sind halbtransparente (milchige) Abdeckungen, die im unteren Bereich der Sichtscheibe Öffnungen aufweisen. Wie groß diese ausfallen, muss ausprobiert werden.

Um in Gebäuden eine Geräuschkulisse für den Innenangriff zu schaffen, sind z. B. – ggf. spritzwassergeschützt verpackte – Bluetooth-Lautsprecherboxen oder Baustellenradios gut geeignet. Hiermit können das Geräusch von prasselndem Feuer oder Hilferufe (z. B. aus Hörspielen oder dem Fernsehen) eingespielt werden. Auch das Abspielen von disharmonischer oder schlagzeugdominierter Musik ist ein geeigneter Störfaktor und führt zu einer gewissen »Stressatmosphäre«. Die Verwendung von Feuerwerkskörpern zur Geräuscherzeugung kommt wegen der damit verbundenen Brand- und Gesundheitsgefahr generell nur im Freien in Betracht. Gefahren (z. B. Druckgasflaschen) lassen sich am besten durch reale Gegenstände oder Modelle, möglichst im Maßstab 1:1, darstellen. Ebenfalls hilfreich sind Hinweisschilder mit den bekannten Gefahrsymbolen. Erst danach kommen textliche Beschriftungen.

Sollen Treppen und Wege als unpassierbar angenommen werden, müssen sie deutlich gesperrt werden. Auch muss erkennbar sein, dass die Absperrung Teil der Übung ist und nicht überwunden werden kann (▶ Bild 4).

Übung Feuerwehr

Tür heiß!

Tür bleibt zu!!

Bild 4: *Textliche Lagedarstellung/Übungshinweis*

Gefährdete Personen sollten entweder direkt von Menschen oder durch Puppen dargestellt werden. Puppen lassen sich aus abgelegter Kleidung und Füllmaterial selbst herstellen. Sie sollten jedoch ein realistisches Gewicht haben. Rettungsdienstorganisationen verfügen oft über Teams zur realistischen Unfalldarstellung (RUD). Deren Aufgabe ist das Schminken von wirklichkeitsnah aussehenden Wunden und Verletzungen. Damit kann bei einer Übung die Frage aufgeworfen werden, wie ein Verletzter aufgrund seiner Verletzungen erstversorgt und gerettet werden muss (▶ Bild 5).

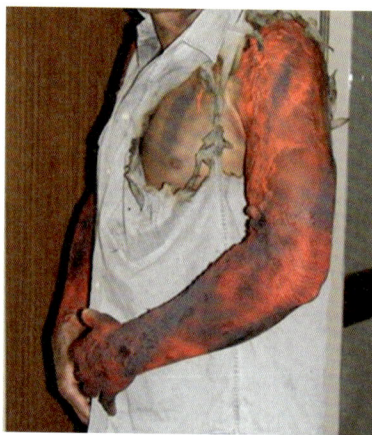

Bild 5: *Darstellung Brandverletzung*

Liegen Feuerwehrpläne vor, kann in diese die Schadenlage eingetragen werden. Hierzu bieten sich taktische Zeichen an – in dem Umfang, in welchem man ihre allgemeine Bekanntheit voraussetzen kann. Das Eintragen von taktischen Zeichen in einen Plan zur Lage*darstellung* kann aber auch als Teil der Übungsdurchführung Aufgabe des Führungshilfspersonals, beim Zug als größter hier behandelter Einheit also des Zugtrupps, sein. Luftbilder, die man aus dem Internet bekommt, können zur Orientierung über die Lage nützlich sein, es stellt sich jedoch die Frage, ob es im Realeinsatz dafür eine Entsprechung gibt. Selbst bei Vorhandensein einer Drohne würde diese in der ersten Phase noch keine Informationen liefern.

2 Hinweise zur Durchführung von Einsatzübungen

Zuvor selbst geschossene Fotos lassen sich mit gängigen PC-Programmen auf einfache Weise ergänzen – zumindest um Feuer und Rauch, eventuell auch um Personen. Diese Art der Darstellung ist taktischen Zeichen vorzuziehen. Die aufbereiteten Bilder können dann dem Erkundenden – ausgedruckt oder auf einem Tablet – gezeigt werden, wenn er in etwa den Standort des Fotografen erreicht. Diese Bilder unterscheiden sich kaum von denen, die zur Lagedarstellung im Entscheidungstraining verwendet werden. Hierbei kommt es nicht auf die Schönheit der Darstellung an. ▶ Bild 6 erhebt keinen Anspruch auf künstlerischen Wert, lässt aber die angenommene Schaden- und Gefährdungslage eindeutig erkennen. Zweifellos gibt es Software, die das besser kann und die realitätsnähere Schadenauswirkungen wie Rauch und Feuer bei der Bildbearbeitung einfügt. Virtuosen können damit vielleicht auch während der Übung mit einem Tablet Fotos machen und um geänderte Schadenerscheinungen ergänzen, alle anderen müssen das bei der Übungsvorbereitung tun.

Ist eine Technische Hilfeleistung nach einem Verkehrsunfall Gegenstand einer Übung, erhöht eine Deformierung des bzw. der Unfallfahrzeuge die Realitätsnähe und stellt somit einen guten Ausbildungsanreiz dar. Mithilfe der maschinellen Zugeinrichtung eines Rüstwagens oder Hilfeleistungslöschfahrzeugs lassen sich Fahrzeuge kontrolliert um einen Baum »wickeln« (▶ Bild 7 und 8). Hierbei muss allerdings beachtet werden, dass der Baum kräftig genug ist und keinen Schaden nimmt. Dafür bieten Bretter in der Regel einen ausreichenden Schutz. Zur Vermeidung von Umweltschäden müssen die Fahrzeuge selbstverständlich frei von Betriebsstoffen sein.

2 Hinweise zur Durchführung von Einsatzübungen

Bild 6: *Um Lagemerkmale ergänztes Foto*

Als Anschlagmittel am zu deformierenden Fahrzeug kommen Ketten in Betracht. Für die Deformierung hat sich in der Praxis eine Zugkraft von 80 kN als ausreichend erwiesen.

2.4.3 Weitere Vorbereitungen

Die Einsatzleitstelle muss über Vollübungen informiert werden, auch wenn keine Alarmübung geplant ist, insbesondere wenn von außen Raucherscheinungen wahrgenommen werden können. Dann sollte auch die Polizei Kenntnis von einer Übung haben. Bei Alarmübungen sollte die Leitstelle vorab – am besten schriftlich – klare Aussagen darüber erhalten, in welchem Umfang sie bei Alarmierung bzw. Nachforderungen alarmieren soll. Ebenso sollte dem Einsatzleiter und dem Personal seines Führungsfahrzeuges bekannt gegeben werden, dass der Leitstelle eine solche Information vorliegt. Damit kann im Funkverkehr der »Übung«- bzw. »Tatsache«-Vermerk nach DV 810 »Sprechfunkdienst« vermieden werden. Zur Entlastung der Leitstelle kann der Funkverkehr mithilfe eines zusätzlichen Einsatzleitfahrzeuges in einer Ausweichrufgruppe simuliert werden.

Bild 7: *Deformierung eines Pkw mithilfe einer maschinellen Zugeinrichtung*

2 Hinweise zur Durchführung von Einsatzübungen

Bild 8: *Übungslage mit einem deformierten Pkw*

Bei der Durchführung von Einsatzübungen kommt es häufig auch zu Behinderungen des Straßenverkehrs. Dies muss bei der Planung von Übungen stets bedacht werden. Verkehrslenkungsmaßnahmen sind Aufgabe der Polizei, sodass diese (und/oder die Straßenverkehrsbehörde) erforderlichenfalls in die Übungsplanung mit einzubeziehen ist. Eine Umleitung des öffentlichen Personennahverkehrs ist meist schwieriger durchzuführen als die des Individualverkehrs. Ist dies für den Übungszweck unerlässlich, müssen rechtzeitig Planungsgespräche mit den entsprechenden Verkehrsbetrieben geführt werden. Die Ankündigung einer Haltestellenverlegung sollte

2 Hinweise zur Durchführung von Einsatzübungen

keinen Hinweis auf eine Feuerwehrübung enthalten, um deren Geheimhaltung zu wahren.

Der Übungsleiter sollte vorbereitet sein, die Lage zu verändern, zum einen, um die Realitätsnähe zu erhöhen und die Entscheidungprozesse bzw. Führungsvorgänge in Gang zu halten, zum anderen, um die Entscheidungen in eine gewünschte Richtung zu lenken. Letzteres sollte allerdings nur durchgeführt werden, wenn eine bestimmte Entwicklung für den Übungsablauf essenziell ist.

Nach jeder Übung muss zeitnah eine Nachbesprechung durchgeführt werden, in die zumindest alle Entscheider einbezogen werden und in der beobachtete Fehler aufgezeigt sowie mögliche Alternativen erörtert werden. Es empfiehlt sich, auch die Mannschaften nach der Übung zu befragen. Die Auswertung ist wesentlich für die Erreichung des Übungszweckes.

3 Übungsbeispiele für eine Staffel

Übungsbeispiel 1 – Zimmerbrand

Staffel (1/5), LF 20

1 Lagefeststellung

Ort/Zeit/Wetter: Försterweg 2 – 11.00 Uhr – kalte Jahreszeit – Windstille – offene Bauweise.

Zweigeschossiges älteres Landhaus aus Mauerwerk mit harter Bedachung – Rauchentwicklung aus einem Fenster im Obergeschoss – keine Personen im Haus erkennbar – Nachbargebäude weit entfernt.

Der Treppenraum ist durch einen vorderen und einen rückwärtigen Eingang erreichbar. Die Treppen sind unterseitig verputzte Holztreppen. Der Zugang zum Dachboden besteht aus einer einfachen, zurzeit geschlossenen Bodenklappe. Die Brandausbruchstelle liegt in einem mit Holzfußboden versehenen Wohnzimmer mit offenem Kamin (▶ Bild 9).

Es brennen vor dem Kamin Teile des Bodenbelags und des Bezugs eines neben dem Kamin stehenden Sofas (nur Stoffe der Brandklasse A). Vermutliche Brandursache: aus dem Kamin herausgefallene, glühende Holzscheite.

3 Übungsbeispiele für eine Staffel

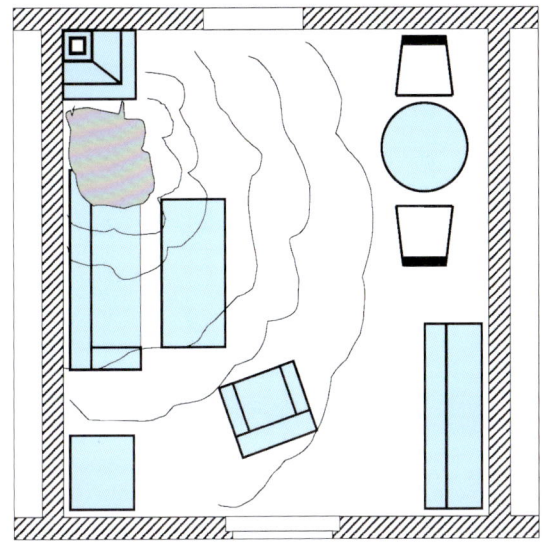

Bild 9: *Grundriss des Wohnzimmers*

2 Planung

2.1 Beurteilung

Von den möglichen neun Gefahrengruppen für Menschen, Tiere und Sachwerte kommen nur »Ausbreitung des Brandes« und »Atemgifte« in Betracht.

Durch Ausbreitung des Brandes besteht weder für fremde Menschen noch für eigene Kräfte Gefahr, sondern nur für

Sachwerte. Die Einsatzkräfte sind durch Atemgifte (Rauchgase) gefährdet.

Die Gefahr der Ausbreitung des Brandes muss zuerst bekämpft werden, wozu die eigenen Kräfte und der mitgeführte Löschwasservorrat ausreichen.

Von den beiden in Betracht kommenden Möglichkeiten – Kübelspritze oder C-Rohr – ist der Einsatz der Kübelspritze wegen des noch geringen Brandumfangs, der schnellen Einsatzmöglichkeit und des kleineren Wasserschadens vorteilhafter.

2.2 Entschluss
Der Staffelführer entschließt sich zur Brandbekämpfung mit der Kübelspritze und zur gleichzeitigen Lüftung des Treppenraumes, anschließend zur Überprüfung des darunter liegenden Geschosses.

3 Befehlsgebung
Befehle des Staffelführers:
»Brennt Umgebung eines offenen Kamins.«
Einheit: **»Angriffstrupp**
Auftrag: **zur Brandbekämpfung**
Mittel: **mit Kübelspritze unter Pressluftatmern**
Ziel: **ins Obergeschoss**
Weg: **über die Treppe – vor!«**

4 Kurzbeschreibung der Übung mit Begründung der Maßnahmen

Während der Angriffstrupp sich ausrüstet und anschließend vorgeht, stellt sich der Wassertrupp als Sicherheitstrupp unter Pressluftatmer (PA) am Hauseingang bereit.

Der Staffelführer hatte Atemschutz befohlen, da bei Bränden in geschlossenen Räumen immer mit Atemgiften durch Verrauchung zu rechnen ist. Im Verlauf des Einsatzes lüftet der Angriffstrupp den Treppenraum. Während der Brandbekämpfung untersucht der Staffelführer die unter der Brandstelle liegenden nicht verrauchten Wohnbereiche. Die Durchsage der Lagemeldung überträgt er dem Maschinisten:

»**Försterweg 2 – Zimmerbrand im Obergeschoss eines Landhauses – ein Trupp unter PA mit Kübelspritze im Einsatz – Feuer unter Kontrolle – Aufräumungsarbeiten etwa 30 Minuten!**«

Nach Beendigung der Maßnahmen zur Brandbekämpfung beteiligen sich die beiden Trupps an den Aufräumungsarbeiten.

Übungsbeispiel 2 – Fahrzeugbrand

Staffel (1/5), LF 20

1 Lagefeststellung

Ort/Zeit/Wetter: Ausfallstraße am Stadtrand Süd, Kilometerstein 16 – 15.00 Uhr – Frühjahr – mittelstarker Wind.

Brennender Lastkraftwagen (7,5 t) mit Pritschenaufbau, beladen mit Elektromaterial in Wellpappkartons – Löschversuche des Fahrers ohne Erfolg – das nächste bewohnte Haus etwa 200 m entfernt.

Die Brandausbruchstelle liegt auf der linken hinteren Ladefläche. Der Pritschenaufbau und ein Teil des Ladegutes sind bereits vom Brand erfasst. Es ist keine Löschwasserentnahmestelle vorhanden (▶ Bild 10).

2 Planung

2.1 Beurteilung

Aufgrund der leichten Brennbarkeit des Ladeguts ist in Kürze mit der völligen Vernichtung der Beladung und des Fahrzeugs zu rechnen.

Zur Bekämpfung der Ausbreitung des Brandes kommt nur das mitgeführte Löschwasser in Betracht. Die eigenen Kräfte und die mitgeführten Löschmittel reichen voraussichtlich aus.

Die Verkehrssicherung erfolgt durch die Polizei. Aus diesem Grund müssen keine Absicherungsmaßnahmen durchgeführt werden.

2.2 Entschluss

Der Staffelführer entschließt sich zur Vornahme des S-Rohres.

3 Übungsbeispiele für eine Staffel

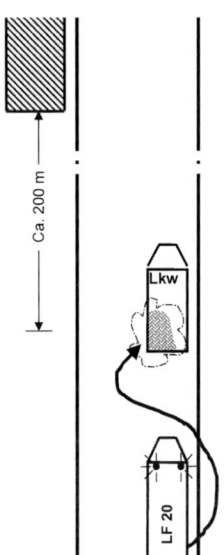

Bild 10: *Lageplan (Fahrzeugbrand)*

3 Befehlsgebung

Befehle des Staffelführers:

(Weil die Lage offenkundig ist, verzichtet der Staffelführer auf eine Schilderung.) Er weist jedoch mit:

»Fließenden Verkehr beachten!«

auf eine Gefahr für die Einsatzkräfte hin und befiehlt anschließend:

»Angriffstrupp zur Brandbekämpfung mit S-Rohr unter Pressluftatmer – vor!«

3 Übungsbeispiele für eine Staffel

Nach Meldung des Wassertrupps:
»Wassertrupp zur Unterstützung des Angriffstrupps unter PA mit einem Steckleiterteil – vor!«

4 Kurzbeschreibung der Übung mit Begründung der Maßnahmen

Der Staffelführer lässt das LF 20 so halten, dass die wirksame Vornahme der Schnellangriffseinrichtung (30 m lang) gesichert ist. Die Bereitstellung des Steckleiterteils ist erforderlich, um die Brandbekämpfung am Ladegut einfacher durchführen zu können. Da eine Gefährdung der Atemschutztrupps weitestgehend auszuschließen und eine Rettung auch ohne Atemschutz möglich ist, kann auf die Bereitstellung eines Sicherheitstrupps verzichtet werden (siehe FwDV 7, Kapitel 7.2, 3. Absatz).

Nach erfolgter Brandbekämpfung lädt die Staffel das Brandgut – soweit erforderlich – ab; das S-Rohr bleibt für Nachlöscharbeiten in Bereitstellung.

Der Staffelführer gibt über Funk die Lagemeldung:
»Ausfallstraße Süd, Kilometerstein 16 – Lkw-Brand – S-Rohr, 4 PA im Einsatz – Brand aus – Fahrzeug wird entladen – Eigentümer ist durch Polizei benachrichtigt!«

Anmerkung:
Trotz der Verkehrssicherung durch die Polizei ist mit einer Gefährdung durch vorbeifahrende Fahrzeuge zu rechnen.

Übungsbeispiel 3 – Brunnenschachtunfall

Staffel (1/5), LF 20

1 Lagefeststellung

Ort/Zeit/Wetter: stillgelegter Bauplatz, Dresdener Straße Nr. 3 – 15.00 Uhr – Herbst – Windstille.

Nicht fertig gestellter, mit Zementringen ausgesteifter und mit Brettern abgedeckter Brunnenschacht, 5 m tief, 1,20 m Durchmesser, darin noch eine Arbeitsleiter.

Spielende Kinder haben die Abdeckung entfernt, im weiteren Spielverlauf ist ein zwölfjähriger Junge in den Schacht geklettert, um sich dort zu verstecken. Beim Erscheinen des Platzaufsehers sind die Kinder davongelaufen. Als der Platzaufseher den Brunnen wieder zudecken will, bemerkt er den auf der Brunnensohle liegenden Jungen, der auf mehrmaliges lautes Ansprechen nicht reagiert.

2 Planung

2.1 Beurteilung

Für den verunglückten Jungen und für die eigenen Kräfte besteht Gefahr durch Atemgifte, für die eigenen Kräfte außerdem Absturzgefahr. Obwohl die eigenen Kräfte zur Rettung des Jungen ausreichen, wird eine sofortige Lagemeldung zur Anforderung eines Rettungswagens notwendig. Der Junge muss nach seiner Rettung unverzüglich medizinisch versorgt werden. Es gibt nur eine Möglichkeit zur schnellen Rettung:

3 Übungsbeispiele für eine Staffel

Hochziehen des Jungen mit einer Feuerwehrleine oder einem Rettungsgurt.

2.2 Entschluss
Der Staffelführer entschließt sich zur sofortigen Anforderung eines RTW und Notarztes. Durch einen geeigneten Angehörigen der Staffel (schlank!) – angeleint (Absturzsicherung/Halten) und unter Atemschutz – lässt er dem Jungen einen Rettungsgurt zum Hochziehen anlegen und unmittelbar danach die medizinische Versorgung durchführen. Mit den beiden anderen Pressluftatmern lässt der Staffelführer den Sicherheitstrupp ausrüsten.

3 Befehlsgebung
Befehle des Staffelführers:
»Liegt Kind im Brunnen, nicht ansprechbar.«
»Angriffstruppführer, unter Pressluftatmer den Jungen anleinen und Rettung durchführen.
Angriffstruppmann, Führer mit Feuerwehrleine sichern, Wassertrupp, Atemschutz-Sicherheitstrupp, Rettungsleine ablassen, mit Handscheinwerfer – vor!«
»Maschinist, Lagemeldung: Junge im Brunnenschacht Dresdener Straße Nr. 3, RTW und Notarzt zur Einsatzstelle!«
Nach erfolgter Befreiung des Jungen:
»Wassertrupp, medizinische Erstversorgung durchführen!«

4 Kurzbeschreibung der Übung mit Begründung der Maßnahmen

Der Platzaufseher kannte die Gefahren, die in Brunnenschächten durch Sauerstoffmangel entstehen können. Er war daher nicht in den Brunnen gestiegen, sondern hatte sofort die Feuerwehr alarmiert. Dem Staffelführer wurde damit die Beurteilung der Lage erleichtert.

Die Anforderung des Rettungswagens ist die vordringlichste Maßnahme, damit nach Rettung des Jungen die vom Wassertrupp begonnenen medizinischen Erstmaßnahmen schnellstens mit geeigneten Geräten bis zur Einlieferung ins Krankenhaus fortgeführt werden können. Der in den Brunnen gestiegene Angriffstruppführer verhindert beim Hochziehen des Jungen Verletzungen, die z. B. durch Anstoßen an der Brunnenwand oder Leiter erfolgen können. Je nach vorgefundener Position und vermuteten Verletzungen kann das Hochziehen des Jungen

- mit dem Rettungsbund
- mit der Begurtung aus dem Gerätesatz Absturzsicherung (Anlegen bei nicht ansprechbarer Person zeitaufwendig)
- mit einer Rettungs-»Windel« oder
- mit einem Tragetuch, bei dem je zwei Griffe verbunden werden (mit Karabinern, kurzen Leinen, Trageband vom Leinenbeutel, Seilschlauchhaltern)

erfolgen. Das vorsorgliche Ausrüsten des Wassertrupps mit den Atemschutzgeräten ist eine notwendige Maßnahme für den Fall, dass dem Angriffstruppführer im Schacht etwas zustößt (FwDV 7 – Atemschutz). Das Ausleuchten des Brunnens von oben mit dem Handscheinwerfer erleichtert dem Angriffstruppführer auf der Brunnensohle die Arbeit.

Lagemeldung:
»Junge gerettet und an den Rettungsdienst übergeben!«

Übungsbeispiel 4 – Werkstattbrand

Staffel (1/5), LF 20

1 Lagefeststellung
Ort/Zeit/Wetter: Berliner Straße Nr. 60 – 09.00 Uhr – Sommer – leichter Wind.

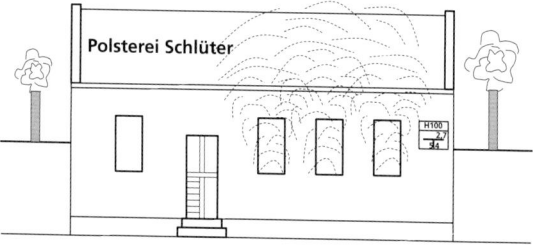

Bild 11: *Außenansicht (Werkstattbrand)*

Frontalansicht: älteres, erdgeschossiges, unterkellertes Werkstattgebäude in Mauerwerkbauart mit Satteldach und harter Bedachung; zwischen Gebäude und Straße ein Hof –

3 Übungsbeispiele für eine Staffel

starke Rauchentwicklung aus den geöffneten Fenstern einer Polsterwerkstatt.

Der Meister und die beiden Auszubildenden erwarten auf der Straße die Feuerwehr. Nachbargebäude etwa 30 m entfernt (▶ Bild 12).

Zum Gebäude führt von der Straße nur ein Eingang über den Hof. Löschwasser durch Sammelwasserversorgung, Unterflurhydrant in der Nähe.

Innenansicht: Die Tür zur Werkstatt ist geschlossen. Die Kellertreppe besteht lediglich aus hölzernen Trittstufen ohne Abschluss zum Flur. Die zum Dachboden führende Treppe ist eine unterseitig verputzte Holztreppe. Die Erdgeschossdecke ist eine unterseitig verputzte Holzbalkendecke mit Einschub; alle Fußböden sind aus Holz.

Befragung: Dach- und Kellerräume werden als Lagerräume für Material und Fertigwaren genutzt, der Dachbodenabschluss ist eine einfache Holztür, die Kellerdecke besteht aus preußischen Kappen (eine gewölbte Decke aus Mauerziegeln zwischen I-Trägern). Es brennen vermutlich Polstermaterialien (Schaumgummi, Rosshaar, Seegras), Holzgestelle und Einrichtungsgegenstände (alles Stoffe der Brandklasse A). Die Brandausbruchstelle liegt in der hinteren Werkstattecke. Brandursache: Rauchen beim Gebrauch von brennbaren, flüssigen Reinigungsmitteln. Branddauer etwa 15 Minuten.

3 Übungsbeispiele für eine Staffel

2 Planung

2.1 Beurteilung

Durch Ausbreitung des Brandes bestehen nur Gefahren für Sachwerte. Für fremde Menschen bestehen keine Gefahren, für eigene Kräfte dagegen erhebliche durch Atemgifte (Rauchgase von Schaumstoffen und Schaumgummi).

Die Gefahr der Brandausbreitung auf den gesamten Werkstattraum einschließlich seiner Nachbarräume muss daher zuerst bekämpft werden. Bei dem derzeitigen Brandumfang und der günstigen Löschwasserversorgung – Wasserbehälter des LF 20 und Unterflurhydrant – reichen die eigenen Kräfte zur Brandbekämpfung aus. Da ausschließlich Stoffe der Brandklasse A brennen, kommt das Löschmittel Wasser in Frage; aufgrund des Brandumfangs reichen Kübelspritze oder Pulverlöscher nicht mehr aus.

2.2 Entschluss

Der Staffelführer entschließt sich zur Brandbekämpfung mit einem C-Rohr unter Pressluftatmern und anschließender Untersuchung der Decke zwischen Werkstatt und Dachboden.

3 Befehlsgebung

Befehle des Staffelführes:

»Brennt Polsterwerkstatt.«
»**Wasserentnahme Fahrzeugtank,**
Verteiler vor der Fensterfront auf dem Hof,
Wassertrupp – Sicherheitstrupp,
Angriffstrupp zur Brandbekämpfung durch das mittlere Fenster mit 1. Rohr unter Atemschutz – vor!«

3 Übungsbeispiele für eine Staffel

Nach Meldung des Wassertrupps:
»Wasserentnahmestelle Unterflurhydrant vor dem linken Nachbargebäude, Wasserversorgung herstellen!«
Nach Fertigstellung der Wasserversorgung:
**»Brandbekämpfung mit 2. Rohr in die Werkstatt durch die Eingangstür vorbereiten, ausreichend Schlauchreserve,
Druckbelüfter, mobilen Rauchverschluss bereitstellen«**

3 Übungsbeispiele für eine Staffel

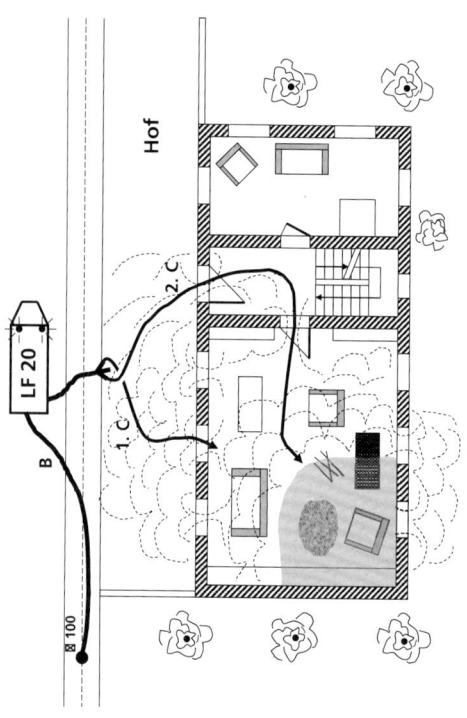

Bild 12: *Lageplan und Grundriss (Werkstattbrand)*

3 Übungsbeispiele für eine Staffel

4 Kurzbeschreibung der Übung mit Begründung der Maßnahmen

Wegen der sehr günstigen Lage des Unterflurhydranten ist es möglich, mit dem Einsatz des C-Rohres zu beginnen, bevor die Wasserversorgung zwischen Hydrant und Fahrzeug hergestellt ist. Bei der möglichen schnellen Brandausbreitung bringt dies einen entscheidenden Zeitgewinn. Die Wasserabgabe durch das Fenster ermöglicht es, die thermische Aufbereitung der Rauchgase zu unterbrechen und mit der Brandbekämpfung zu beginnen, bevor Maßnahmen gegen die Rauchausbreitung in den Treppenraum getroffen sind. Der Verteiler konnte schnell eingesetzt werden, weil er bereits an den B-Schlauch angekuppelt war (sog. Schnellangriffsverteiler) und die Länge dieser Leitung ausreichte. So ist man auf den Einsatz eines weiteren Rohres vorbereitet, das in diesem Fall *anstelle* des 1. Rohres eingesetzt werden soll, aber mehr Schlauchlänge benötigt.

Obwohl sämtliche Fenster der Werkstatt geöffnet waren, muss wegen der starken Verqualmung, insbesondere durch die Kunststoffe, umluftunabhängiger Atemschutz angelegt werden. Bei der übersichtlichen Lage genügt hier der Einsatz des Angriffstrupps; der Wassertrupp dient als Sicherheitstrupp. Als solcher kann er, ausgerüstet mit Atemschutz (ohne diesen angeschlossen zu haben), die Arbeiten in dem hier geschilderten Umfang durchführen.

Nach der Vornahme des C-Rohres und der Übersicht über die Brandstellenlage gibt der Staffelführer die nachstehende **Lagemeldung** an die Leitstelle:

»Berliner Straße 60 – Werkstattbrand – ein Trupp mit C-Rohr unter Atemschutz eingesetzt – Brand unter Kontrolle – Nachlöscharbeiten etwa eine Stunde!«

Nach Ablöschen des Brandes lässt der Staffelführer den Treppenraum lüften und den Dachraum kontrollieren.

Anmerkung:

Ein Zusatz von »Netzmitteln« zum Löschwasser verbessert dessen Eindringen in Glutnester von Faserstoffen, wie z. B. Polstermaterialien, Textilien u. Ä., Nachlöscharbeiten werden dadurch erheblich erleichtert.

4 Übungsbeispiele für eine Gruppe

Übungsbeispiel 5 – Schornstein

Gruppe (1/8), LF 20

1 Lagefeststellung

Ort/Zeit/Wetter: Bremer Platz Nr. 5 – 16.00 Uhr – Winter – schwacher Wind aus Südwest.

Geschlossene Bauweise – viergeschossiges älteres Reihenwohnhaus in Ziegelbauart mit Satteldach und harter Bedachung – starker Funkenflug aus einem über den Dachfirst geführten Schornstein – in den Wohnungen sind Erwachsene und einige Kinder anwesend – Nachbargebäude in derselben Bauart, vom Brandobjekt getrennt durch Brandwände.

Der Treppenraum ist von der Straße und von der Hofseite aus erreichbar. Die Treppen bestehen aus Stahlbeton mit Belag. Der Zugang zum Dachboden ist vom Treppenraum aus nur über eine einschiebbare Holztreppe möglich. Die Dachkonstruktion besteht aus Holz, die Dachdeckung aus Pfannen. Die Schornsteine sind gemauert, nicht gezogen und zeigen keine erkennbare Beschädigung; in ihrer Umgebung gibt es keine Anzeichen beginnender Verkohlung. Der Zugang zu den Reinigungsöffnungen des Schornsteins im Keller führt über die Kellertreppe aus Stahlbeton. Die Kellertür ist eine einfache – aktuell unverschlossene – Holztür.

4 Übungsbeispiele für eine Gruppe

In einem Schornstein brennt Ruß (ein Stoff der Brandklasse A) mit kräftiger Flockenrußentwicklung. Brandursache: ein überheizter Ofen im 3. Geschoss; Branddauer etwa 30 Minuten.

Löschwasser durch Sammelwasserversorgung, Unterflurhydrant.

2 Planung

2.1 Beurteilung

Für Hausbewohner und eigene Kräfte können Gefahren ausgeschlossen werden. Lediglich die Gefahr der Ausbreitung des Brandes auf die Nachbarschaft ist während der Löschmaßnahmen zu beachten. Die eigenen Kräfte reichen zur Brandbekämpfung und zur Sicherung der Umgebung des Schornsteins in allen Geschossen aus.

Zur Bekämpfung des Schornsteinbrandes kommen in Betracht:
- der Pulverlöscher PG 12 und
- das Kaminfegerwerkzeug.

Weil der Schornstein noch »freien Zug« besitzt, liegt die bessere Möglichkeit darin, zuerst den Pulverlöscher von der Reinigungsöffnung im Keller einzusetzen und unmittelbar danach zur Verhinderung eines Wiederaufflammens das Kehrgerät (Kugelschlagapparat) zu verwenden.

2.2 Entschluss

Der Gruppenführer entschließt sich zum Einsatz des Pulverlöschers und des Kehrgeräts bei gleichzeitiger Untersuchung der Schornsteinumgebung in den Wohnungen und zur Benachrichtigung des zuständigen Bezirks-Schornsteinfegermeisters.

3 Befehlsgebung
Befehle des Gruppenführers:
**»Angriffstrupp zur Bekämpfung des Schornsteinbrandes mit Kaminfegerwerkzeug und Hitzeschutzhandschuhen zum Dachboden über die Treppe,
Schlauchtrupp zur Brandbekämpfung und Rußentnahme mit PG 12, Schuttmulde und Schaufel in den Keller,
Wassertrupp mit Kübelspritze zur Kontrolle der Schornsteinumgebung in den Geschossen – vor!«**

4 Kurzbeschreibung der Übung mit Begründung der Maßnahmen
Während der Angriffstrupp und der Schlauchtrupp sich ausrüsten, unterstützt der Wassertrupp unter Mitnahme der Kübelspritze (Sicherung der Schornsteinumgebung!) den Gruppenführer bei der Untersuchung des Schornsteins und seiner Umgebung in allen Geschossen. Der Melder übermittelt die **Lagemeldung:**
»Bremer Platz 5 – Schornsteinbrand – Pulverlöscher und Kaminfegerwerkzeug im Einsatz – Brand unter Kontrolle – Bezirks-Schornsteinfegermeister zur Einsatzstelle!«
Nach Einsatz des PG 12 trägt der Schlauchtrupp den angefallenen Ruß ins Freie, wo er vom Melder abgelöscht wird. Die weiteren Maßnahmen trifft der Bezirks-Schornsteinfegermeister.

Anmerkung:

Um ein Auseinanderreißen von Schornsteinen zu vermeiden, dürfen Schornsteinbrände – gleich welcher Art – *nie mit Wasser* gelöscht werden.

Zweckmäßig kann aber die Bereitstellung eines mit Wasser gefüllten Metalleimers sein, um die Kette des Kaminfegerwerkzeugs abzukühlen.

»Flockenrußbrände« entstehen vornehmlich durch Kohlenfeuerung. Der Brand loser Rußflocken im Schornstein wird mit dem Kaminfegerwerkzeug gelöscht.

»Schmierrußbrände« als Vorläufer von »Hartrußbränden« werden durch Pulverlöscher und Kaminfegerwerkzeug bekämpft.

»Hartrußbrände« entstehen insbesondere durch Verwendung feuchter Brennstoffe, Bekämpfung wie beschrieben.

»Glanzrußbrände« – typisch für Räuchereien – werden vom Bezirks-Schornsteinfegermeister durch »Ausbrennen« beseitigt.

Übungsbeispiel 6 – Wohnhauskeller

Gruppe (1/8), LF 10 (mit Zusatzbeladung PFPN 10–1000)

1 Lagefeststellung

Ort/Zeit/Wetter: Dorfstraße Nr. 15 – 19.00 Uhr – Sommer – leichter Wind aus Südwest.

Offene Bauweise – dreigeschossiges ländliches Wohnhaus aus Mauerwerk mit harter Bedachung und ausgebautem Dachgeschoss – Rauchentwicklung im Treppenraum, aus der Haustür und zwei Kellerfenstern – in zwei Obergeschossen

4 Übungsbeispiele für eine Gruppe

befinden sich je drei gehfähige Personen – keine Nachbarschaft in der unmittelbaren Umgebung.

Das Gebäude besitzt nur einen Eingang, der über den Hof und eine Steintreppe zu erreichen ist (▶ Bild 14). Die Kellertreppe besteht aus Granitstufen, die hölzerne Abschlusstür zum Treppenraum steht offen. Die Kellerdecke ist aus Kappen gebildet, die sonstigen Geschossdecken sind Holzbalkendecken mit Einschub. Nach oben führen unterseitig verputzte Holztreppen. Die Brandausbruchstelle liegt in einem hofseiti-

Bild 13: *Ansicht mit Keller (Wohnhauskellerbrand)*

gen, durch Lattenverschläge abgetrennten Kellerraum. Dort brennen Kisten mit nicht mehr benötigtem Hausrat (Schwelbrand, vorwiegend Stoffe der Brandklasse A); Brandursache unklar. Löschwasser aus Dorfteich, geodätische Saughöhe etwa 2 m, ca. 80 m von der Brandstelle entfernt.

2 Planung

2.1 Beurteilung

Für Hausbewohner besteht die Gefahr durch Atemgifte im Treppenraum (starke Rauchentwicklung!), für eigene Kräfte zusätzlich noch die Gefahr der Ausbreitung des Brandes innerhalb des gesamten Kellers (Lattenverschläge)! Die Beseitigung der Atemgiftgefahr für die sechs Hausbewohner ist die vordringlichste Maßnahme.

4 Übungsbeispiele für eine Gruppe

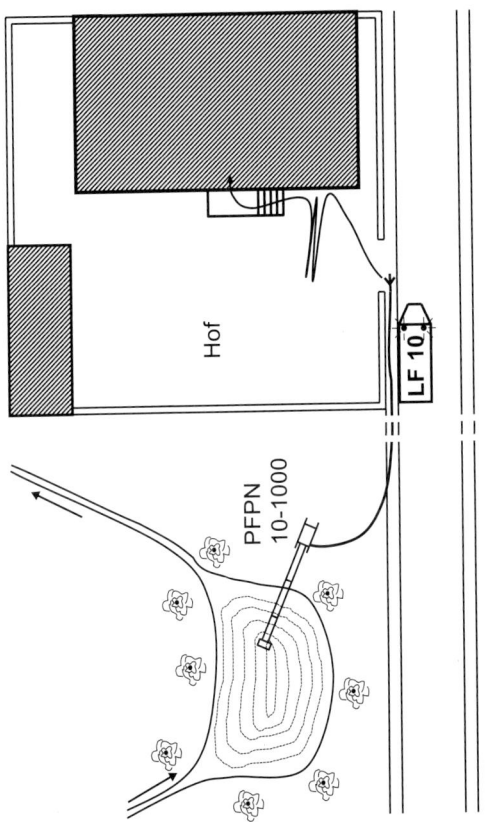

Bild 14: *Lageplan (Wohnhauskellerbrand)*

4   Übungsbeispiele für eine Gruppe

Als Löschmittel kommt neben dem Vorrat des LF 10 (1 200 l) nur das Wasser aus dem Dorfteich in Betracht, obwohl seine Verschmutzung den Saugbetrieb erschweren kann.

2.2 Entschluss

Der Gruppenführer entschließt sich, den Angriffstrupp unter Atemschutz zum Schließen der Kellertür und Lüften des Treppenraumes einzusetzen und gleichzeitig die TS am Dorfteich in Stellung bringen zu lassen. Der Gruppenführer selbst beruhigt durch Zuruf vom Hof die an den Fenstern stehenden Hausbewohner, nachdem er sich aufgrund der stabilen Lage dazu entschlossen hat, diese in ihren Wohnungen zu belassen. Nach Durchführung dieser Maßnahmen lässt der Gruppenführer ein C-Rohr (Sprühstrahl!) zur Brandbekämpfung vornehmen.

3 Befehlsgebung

Befehle des Gruppenführers:

»Kellerbrand, Treppenraum verraucht.«

»Wasserentnahmestelle Dorfteich, TS an Wasserentnahmestelle,

Verteiler vor Hofeingang,

Angriffstrupp zur Schließung der Kellertür und Lüftung des Treppenraumes unter Atemschutz – vor!«

Nach Durchführung des Auftrages und Herstellung der Wasserversorgung:

»Angriffstrupp zur Brandbekämpfung 1. Rohr in den Keller über die Kellertreppe – vor!«

»Wassertrupp – Sicherheitstrupp!«

4 Kurzbeschreibung der Übung mit Begründung der Maßnahmen

Der Gruppenführer hat die Gefahr durch Rauch für die Hausbewohner als vordringlich beurteilt. Brandrauch kann – auch bei einem nur kleinen Brandobjekt (Schwelbrand) – sehr schnell Treppenräume füllen und sie damit für die Bewohner unbegehbar machen. Die Reiz- und Wärmewirkung durch Rauch kann Menschen leicht in Panikstimmung versetzen und sie dadurch zu unüberlegten Handlungen verleiten.

Der Angriffstrupp muss daher sofort unter Atemschutz die Rauchgefahr im Treppenraum beseitigen und die Lüftung – wenn vorhanden mit einem Druckbelüfter – vornehmen, während gleichzeitig der Gruppenführer vom Hof durch Zurufe die Bewohner beruhigt und diese auffordert, ihre Wohnungseingangstüren geschlossen zu halten. Anschließend setzt der Angriffstrupp den Verteiler und baut seine C-Leitung auf.

Inzwischen stellen Wassertrupp und Schlauchtrupp die Wasserversorgung vom Dorfteich zum Verteiler her. Danach rüstet sich der Wassertrupp als Sicherheitstrupp aus und der Angriffstrupp nimmt das C-Rohr zur Brandstelle vor, nicht vorher, denn die mitgeführte Löschwassermenge hätte nicht ausgereicht, um eine ständige Wasserabgabe bis zum Aufbau der Wasserversorgung sicherzustellen (vgl. FwDV 3, 5.3 Einsatzgrundsätze, h). Damit der Treppenraum beim Öffnen der Kellertür nicht erneut stark verraucht, setzt der Angriffstrupp einen mobilen Rauchverschluss. Die Verwendung des Sprühstrahls weist im Allgemeinen dem Vollstrahl gegenüber folgende Vorteile auf:

- weniger Wasserschaden
- Löschwirkung auf größere Fläche

- Schutz für Löschmannschaften gegen Rauch und Wärmestrahlung.

Hohlstrahlrohre sollen (kurzgefasst durch die Verwirbelung) diese Effekte verstärken. Sie sind häufig aber so dimensioniert (vermutlich wegen des genannten Schutzaspektes), dass die Mindestwasserabgabe größer als beim CM-Strahlrohr ist.

Der Melder gibt die nachstehende **Lagemeldung:**
»Dorfstraße 15 – Kellerbrand – ein Trupp mit C-Rohr unter PA im Einsatz – Brand unter Kontrolle!«
Nach Beendigung der Löschmaßnahmen und gründlicher Durchlüftung führen alle drei Trupps die Aufräumungsarbeiten durch; die geringen Nachlöscharbeiten an dem heraus geschafften Brandschutt erfolgen mit der Kübelspritze auf dem Hof.

Übungsbeispiel 7 – Tapeten- und Farbengeschäft

Gruppe (1/8), LF 20

1 Lagefeststellung
Ort/Zeit/Wetter: Münsterstraße Nr. 12 – 14.00 Uhr – Frühherbst – mittelstarker Wind aus Nordwest.

Frontalansicht: geschlossene Bauweise – erdgeschossiges, unterkellertes Wohn- und Geschäftshaus in massiver Bauart mit traufständigem Satteldach. Nachbargebäude in gleicher Bauart, ebenfalls nur erdgeschossig, vom Brandobjekt

4 Übungsbeispiele für eine Gruppe

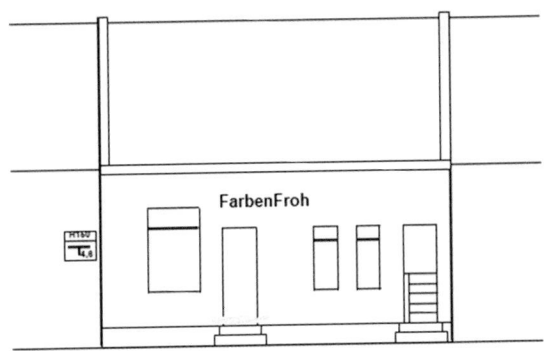

Bild 15: *Frontalansicht (Tapeten- und Farbengeschäft)*

getrennt durch Brandwände – vorerst kaum von außen erkennbaren Anzeichen eines Brandes – leichter Rauch quillt unter Ladentür hervor. Das Gebäude besitzt je einen Eingang von der Straße zum Treppenraum und zum Laden.

Löschwasserversorgung durch Unterflurhydrant unmittelbar vor dem Brandobjekt.

Befragung: Nach Angabe des Geschäftsinhabers im Brandobjekt keine Menschen mehr im Gebäude.

Das Gebäude besitzt noch einen hofseitigen Eingang. Zwei Erdgeschossräume werden zurzeit provisorisch als Wohnung benutzt, der dritte Raum – ein Lager – ist durch einen Kleinlastenaufzug mit den Kellerlagerräumen verbunden (▶ Bild 16). Im Verkaufsraum befinden sich Holzregale, in denen Verpackungen und Farben (Stoffe der Brandklassen

A und B) lagern. Diese sind offenbar in Brand geraten. Branddauer etwa 30 Minuten (Mittagspause!).

Innenansicht: Das Gebäude kann noch durch die Tür zum Treppenraum betreten werden. Die Kellertreppe besteht aus Betonstufen, die feuerhemmende Abschlusstür zum Treppenraum ist geschlossen. Die Kellerdecke besteht aus Stahlbeton, die Decke ebenfalls. Nach Öffnen mehrerer Türen gelangt man – noch rauchfrei – zur Tür zwischen Laden und Nachbarraum. Sie ist geschlossen, aber warm. Alle Türen sind Holztüren.

2 Planung

2.1 Beurteilung

Durch Ausbreiten des Brandes sind nur Sachwerte gefährdet. Für eigene Kräfte bestehen Gefahren durch Atemgifte, insbesondere durch Lacke und Kunststoffe. Ferner bestehen Gefahren für fremde Menschen und eigene Kräfte durch Herausschleudern der Ladentür und der Schaufensterscheibe (Druckgefäßzerknall von Spraydosen!). Die Gefahr der Ausbreitung des Brandes muss daher zuerst bekämpft werden, ganz besonders im Hinblick auf die vom Feuer noch nicht in Mitleidenschaft gezogenen Spraydosen.

Bei der baulichen Beschaffenheit der Brandstellenumgebung (Brandwand, Betondecken!) und der sehr günstigen Löschwasserversorgung reichen die eigenen Kräfte zur Brandbekämpfung vorerst aus. Zeichnet sich eine Brandausbreitung ab, werden jedoch zumindest mehr Atemschutztrupps benötigt. Sollte Luftschaum eingesetzt werden, reichen die auf dem LF 20 mitgeführten sechs Schaummittelbehälter mit insgesamt

120 l Inhalt ebenfalls aus. Jedoch ist Wasser bei Sprühstrahlverwendung vorzuziehen, weil es gleichzeitig für die sperrigen Stoffe der Brandklasse A, für Farben und Lacke und auch zur Sicherung der Umgebung vorteilhaft verwendet werden kann.

2.2 Entschluss
Der Gruppenführer entschließt sich zur Brandbekämpfung mit einem C-Rohr (Sprühstrahl!) und zur Vorbereitung eines zweiten C-Rohres zur Sicherung des Lagerraumes im Erdgeschoss, Wasserentnahme durch den vor dem Haus liegenden Unterflurhydranten.

3 Befehlsgebung
Befehle des Gruppenführers:
»**Brennt straßenseitiges Ladenlokal, Farben und Tapeten.**«
»**Wasserentnahmestelle Unterflurhydrant vor dem Laden, Verteiler zwischen den beiden Eingängen,
Angriffstrupp zur Brandbekämpfung mit 1. Rohr unter Atemschutz in den Laden durch die Eingangstür – vor!**«
»**Wassertrupp – Sicherheitstrupp!**«
Nach Meldung des Wassertrupps:
»**Schlauchtrupp zur Sicherung des Lagers 2. Rohr vorbereiten!**«

4 Übungsbeispiele für eine Gruppe

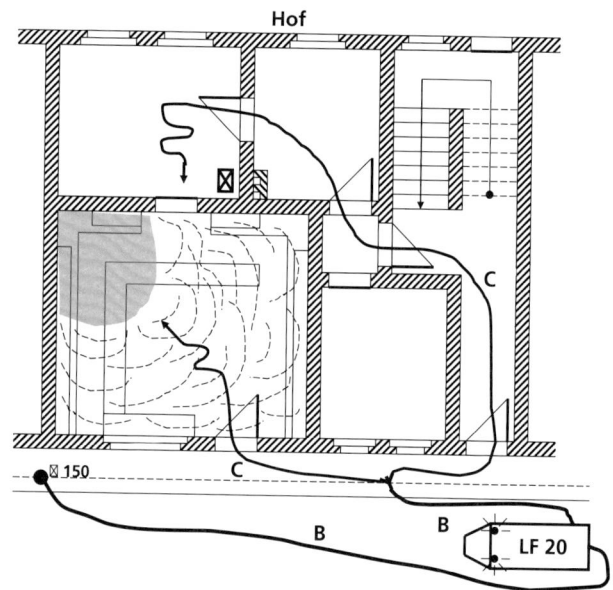

Bild 16: *Grundriss (Tapeten- und Farbengeschäft)*

4 Kurzbeschreibung der Übung mit Begründung der Maßnahmen

Der Gruppenführer muss bei der vorgefundenen Schadenlage (brennende Farben und Lacke, starke Rauchbildung, insbesondere durch Kunststoffe) Atemschutz einsetzen. Er muss auch bei der unmittelbaren Verbindung von Laden und Lager sowie von Erd- und Kellergeschoss durch den Aufzug (Branddauer!)

mit einer Ausweitung des Schadens durch Brand oder durch Zerknall von Spraydosen rechnen. Das zweite C-Rohr ist daher zur »Sicherung« notwendig. Kommt es durch die Tür zu einer Ausweitung des Brandes auf das Lager, muss das vorbereitete zweite C-Rohr durch einen Atemschutztrupp eingesetzt werden. Daher muss Verstärkung nachgefordert werden.

Nach Verlegen der B-Leitung stellt der Wassertrupp den Sicherheitstrupp. Der Melder sichert bis zum Eintreffen der Polizei die Umgebung der Ladentür und des Schaufensters, damit Passanten nicht durch evtl. herausgeschleuderte Scheibenstücke gefährdet werden.

Der Melder gibt nach Einsatz des ersten Rohres die nachstehende **Lagemeldung** zur Leitstelle durch:
»Münsterstraße 12, Farbengeschäft – Ladenbrand – ein C-Rohr unter Atemschutz im Einsatz, benötigen weitere Löschgruppe!«
Nach Vornahme des zweiten C-Rohres durch den Angriffstrupp der nachalarmierten Löschgruppe erfolgt die zweite **Lagemeldung:**
»Zweites C-Rohr unter Atemschutz zur Sicherung – Brand unter Kontrolle – Einsatzdauer noch etwa 30 Minuten!«
Nach Einleitung der Löscharbeiten untersuchen Gruppenführer und Melder alle angrenzenden Räume.

Übungsbeispiel 8 – Schrottplatz

Selbstständiger Trupp (1/2) und Gruppe (1/8), TLF 2000 und LF10 (mit TS)

1 Lagefeststellung

Ort/Zeit/Wetter: Güterstraße Nr. 120 – 16.00 Uhr – Herbst – mäßiger Wind aus Nordost.

Schrottplatz in noch nicht erschlossenem Stadtrandgelände, 23 × 28 m, mit 2 m hoher Bretterwand – an der Straßenseite ein eingeschossiger Bürocontainer.

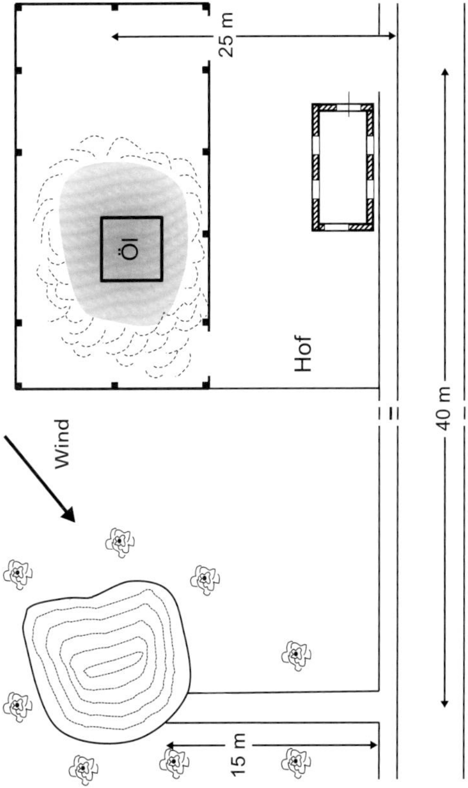

4 Übungsbeispiele für eine Gruppe

Bild 17: *Lage bei Eintreffen (Schrottplatz)*

4 Übungsbeispiele für eine Gruppe

Der nicht befestigte Platz ist ungeordnet belegt mit Lumpen, Altpapier, Schrott, Metallfässern, einem offenen Behälter mit 3 bis 4 m³ Altöl und mehreren zum Teil noch gefüllten Flüssiggasflaschen. Im Bürocontainer befinden sich keine Personen – keine Nachbarschaft. Der Bürocontainer besitzt nur einen Eingang über den Lagerplatz (▶ Bild 18). Neben dem Bürocontainer liegt an der Straßenseite die Platzeinfahrt. Es brennen mehrere Ballen Altpapier und das Altöl (Stoffe der Brandklassen A und B). Die Brandausbruchstelle liegt unmittelbar neben dem Altölbehälter, die Brandursache ist nicht erkennbar. Flammen und starke Rauchbildung sind weithin sichtbar.

Branddauer: mindestens 30 Minuten. Löschwasserversorgung durch einen etwa 50 m entfernten Teich.

2 Planung

2.1 Beurteilung

Durch Ausbreitung des Brandes bestehen Gefahren für Sachwerte. Eigene Kräfte werden durch Brandrauch gefährdet. Für fremde Personen und eigene Kräfte bestehen Gefahren durch Druckgefäßzerknall der Flüssiggasflaschen, für eigene Kräfte zusätzlich durch Stichflammen. Diese Gefahren müssen daher zuerst beseitigt werden. Zur gleichzeitigen Brandbekämpfung und Kühlung der Flaschen kommt nur Wasser in Frage. Trotz der ungünstigen Löschwasserversorgung reichen die eigenen Kräfte und die mitgeführten Schaummittel – sechs Behälter mit zusammen 120 l Inhalt – zur weiteren Vornahme eines Mittelschaumrohres für die Ölbrandbekämpfung aus.

4 Übungsbeispiele für eine Gruppe

2.2 Entschluss

Der Gruppenführer entschließt sich bei Ausnutzung jeder Deckungsmöglichkeit zum Einsatz eines C-Rohres bei den Druckgasflaschen und eines Mittelschaumrohres am Ölbehälter.

3 Befehlsgebung

Befehle des Gruppenführers:

»Brennt Altöl, Achtung: Flüssiggasflaschen.«

»LF: Wasserentnahmestelle benachbarter Teich, Wasserversorgung des TLF herstellen, Angriffstrupp Sicherheitstrupp für TLF – vor!«

»TLF: Verteiler am Fahrzeug, Angriffstrupp zur Brandbekämpfung und Flaschenkühlung mit 1. Rohr unter Atemschutz – vor!«

Nach Herstellung der Wasserversorgung:

»Angriffstrupp LF zur Brandbekämpfung unter Atemschutz mit Mittelschaumrohr zum Ölbehälter – vor!«

»Wassertrupp – Sicherheitstrupp«

Nach Beseitigung der Zerknallgefahr:

»Trupp TLF, Druckgasflaschen aus dem Brandbereich entfernen und weiter kühlen!«

Nach Beschäumung des Ölbehälters:

»Angriffstrupp LF, Mittelschaumrohr gegen C-Rohr auswechseln, Nachlöscharbeiten durchführen!«

4 Übungsbeispiele für eine Gruppe

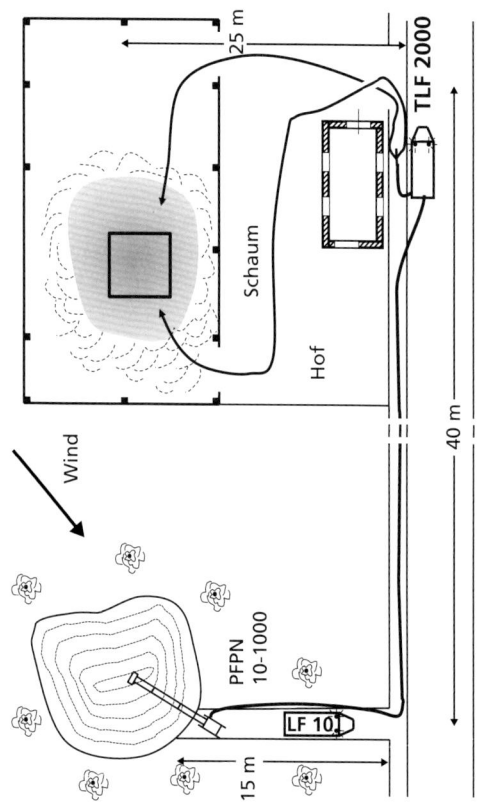

Bild 18: *Lageplan mit Maßnahmen (Schrottplatz)*

4 Kurzbeschreibung der Übung mit Begründung der Maßnahmen

Es wird davon ausgegangen, dass es sich bei dieser Konfiguration um eine erweiterte Gruppe handelt, die vom Gruppenführer des LF direkt geführt wird.

Die Verhinderung eines Druckgefäßzerknalls muss für den Gruppenführer im Vordergrund stehen. Ein Druckgefäßzerknall könnte eine schlagartige Brandausbreitung zur Folge haben, vielleicht auch Stichflammen und Zerstörungen am Bürocontainer herbeiführen und bestimmt den Angriff verzögern; auch die eigenen Kräfte sind gefährdet. Die Umstellung des Schaumrohres auf Wasser nach abgeschlossener Beschäumung ist eine notwendige und einfach durchzuführende Maßnahme, da die Nachlöscharbeiten an den Ballen nur mit Wasser Erfolg versprechen. Zur Abdeckung des Ölbehälters sind nur etwa 5 bis 6 m³ Schaum erforderlich, daher kann der restliche Schaummittelbestand mit etwa einprozentiger Zumischung dem Löschwasser als »Netzmittel« beigegeben werden. So wird beispielsweise das Nachlöschen der Textil- und Papierballen erleichtert, sie brauchen nicht völlig auseinander gerissen zu werden (siehe auch Anmerkung bei ▶ »Übungsbeispiel 4 – Werkstattbrand«).

Nach Einsatz des C-Rohres übermittelt der Maschinist des TLF folgende

1. **Lagemeldung**
   »Güterstraße 120, Brand von Altmaterial und Altöl, ein C-Rohr im Einsatz!«
2. **Lagemeldung**
   »Zusätzlich Mittelschaumrohr im Einsatz!«

4 Übungsbeispiele für eine Gruppe

Nach Beseitigung der Ausdehnungs- und Zerknallgefahr:

3. **Lagemeldung**
   »Brand unter Kontrolle, Nachlöscharbeiten, Einsatzdauer vermutlich noch eine Stunde!«

Anmerkung:

Bei diesem Einsatzbeispiel können Zusatzbefehle zweckmäßig sein, wie z. B. »Wasserentnahme: benachbarter Teich! Angriffstrupp legt seine Leitung selbst! Schlauchtrupp unterstützt Wassertrupp! Angriffstrupp zur Brandbekämpfung und Flaschenkühlung mit C-Rohr – vor! Deckung ausnutzen!« Dies ergibt sich zwar aus Vorschriften und Ausbildung, zu viele verknüpfte Aufgaben sollten aber nicht als selbstverständlich vorausgesetzt werden.

5 Übungsbeispiele für einen Zug

Übungsbeispiel 9 – Güterschuppen

Zug (1/1/16), LF 20 und LF 10

1 Lagefeststellung
Ort/Zeit/Wetter: Bahnstraße Nr. 2 – 14.00 Uhr – Frühjahr – mittelstarker Wind aus Südwest.

Frontalansicht: einzeln stehender, nicht unterteilter Güterschuppen von 10 × 40 m Ausdehnung in Fachwerkbauart mit Pultdach und harter Bedachung – aus den Torspalten der geschlossenen Tore dringt grauschwarzer Rauch ins Freie – Personen zurzeit nicht anwesend (▶ Bild 19). Über den Gleisen befindet sich eine Oberleitung.

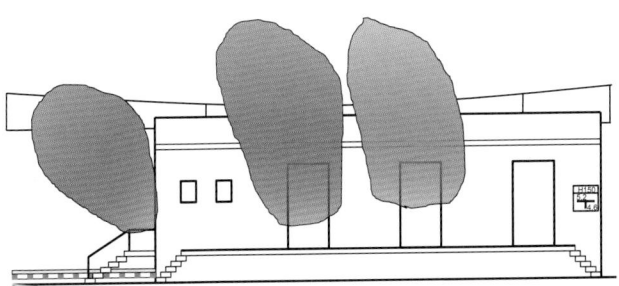

Bild 19: *Frontalansicht bei Eintreffen (Güterschuppen)*

An der Längsseite des Güterschuppens (Front zum Anfahrtsweg) sind drei Holztore und eine Laderampe vorhanden. Auf der südlichen Laderampe sind mehrere Fässer und Druckgasflaschen abgestellt, dieser Bereich ist nicht verraucht. An der Westseite führen Stufen zu einer Holztür in den Schuppen. Löschwasser durch Sammelwasserversorgung, Unterflurhydrant.

Innenansicht: Im Innern liegt ein durch eine Holzwand abgetrenntes Büro für den Gütermeister. Den oberen Abschluss des Schuppens bildet eine Holzbalkenlage mit Dachpappe auf Schalung, unterseitig nicht verputzt. Es brennen einige von den im Schuppen zahlreich vorhandenen Stückgutstapeln verschiedenen Ausmaßes und vermutlich verschiedener Brandklassen.

Rundumsicht: Auf der nördlich angrenzenden Gleisanlage befinden sich drei abgestellte geschlossene Waggons, so genannte G-Wagen. Zu der Seite hat der Schuppen ebenfalls drei Holztore und eine Laderampe.

2 Planung

2.1 Beurteilung

Sofort erkennbar ist die Gefahr der Ausbreitung des Brandes auf den gesamten Güterschuppen, einschließlich der benachbarten Waggons und der auf der südlichen Laderampe abgestellten Fässer und Druckgasflaschen. Außerdem ist damit zu rechnen, dass bei der Verschiedenartigkeit des Lagerguts Gefahren durch Atemgifte und chemische Stoffe (z. B. durch

Säuren und Laugen), aber auch durch Druckgasflaschen (Druckgefäßzerknall) auftreten. Es können auch in den Stückgutstapeln Behälter mit brennbaren Flüssigkeiten vorhanden sein, sodass Behälteraufmantelung und Stichflammenbildung nicht auszuschließen sind. Der Gefahrenschwerpunkt liegt daher in der Ausbreitung des Brandes auf die Nachbarstapel und auf die auf der Rampe stehenden Druckgasflaschen und Fässer mit brennbaren Flüssigkeiten. Die eigenen Kräfte sind zunächst ausreichend. Brandbekämpfung und Sicherung der Umgebung müssen gleichzeitig erfolgen. Trotz der vermutlich verschiedenen Brandklassen kommt vorerst nur Wasser (Sprühstrahl!) als Löschmittel in Betracht. Die Sammelwasserversorgung reicht aus.

Die Einsatzgrundsätze für die Brandbekämpfung im Bereich elektrischer Anlagen (Oberleitung!), aber auch die Besonderheiten der Bahnanlagen sind unbedingt zu beachten.

2.2 Entschluss

Da kein Zugtrupp vorhanden ist, übernimmt der Gruppenführer der 1. Gruppe die Zugführung. Der Zugführer entschließt sich, die 1. Gruppe unter Atemschutz zur Brandbekämpfung mit Sprühstrahl einzusetzen und die 2. Gruppe zur Sicherheit die Druckgasflaschen und Fässer von der Laderampe entfernen zu lassen. Die Löschwasserentnahme erfolgt aus dem Unterflurhydranten auf der Straße.

3 Befehlsgebung

Befehle des Zugführers:

»Brennt Stückgut im Innern des Schuppens, Gefahrgüter auf Laderampe, Bahnanlagen beachten.«

»Gruppe 1, Wasserentnahmestelle Unterflurhydrant, Brandbekämpfung unter Atemschutz, Angriffsweg mittleres Tor und Westtür!«

»Gruppe 2, Sicherheitstrupp für Gruppe 1 stellen, Flaschen und Fässer von der südlichen Laderampe entfernen!«

4 Kurzbeschreibung der Übung mit Begründung der Maßnahmen

Obwohl beide Gruppen im Wesentlichen getrennte Aufgaben haben, was sich daraus ergibt, dass diese gleichzeitig erledigt werden müssen, lässt der Zugführer den Atemschutzeinsatz der Gruppe 1 durch die Gruppe 2 mit der Stellung des Sicherheitstrupps unterstützen. Gruppe 2 bleibt jedoch für ihre Aufgabe voll einsatzfähig. Bei der starken Rauchentwicklung, den Gefahrenmöglichkeiten durch das Lagergut und der allgemein unübersichtlichen Lage ist Atemschutz unerlässlich.

Die Entfernung der Druckgasflaschen und Fässer von der Laderampe ist eine vorsorgliche Maßnahme gegen einen Branddurchbruch durch das Tor. Der Zugführer beauftragt den Melder mit der **Lagemeldung:**

»Bahnstraße 2 – Güterschuppen – zwei C-Rohre unter Atemschutz im Einsatz – benötigen weitere Löschgruppe, vornehmlich Atemschutzgeräteträger zur Ablösung – Brand unter Kontrolle!«

5 Übungsbeispiele für einen Zug

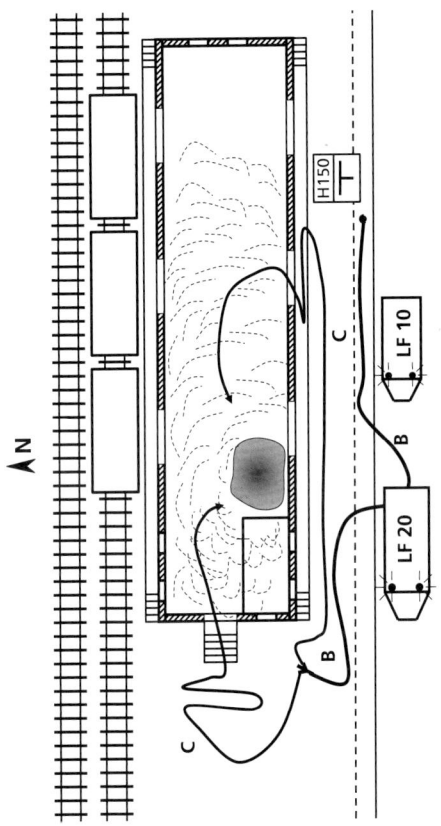

Bild 20: *Grundriss mit Maßnahmen (Güterschuppen)*

5 Übungsbeispiele für einen Zug

Spätestens jetzt, wenn nicht schon auf der Anfahrt, fordert der Einsatzleiter den Notfallmanager der Bahn an.

Der verbleibende Trupp (Schlauchtrupp) der Gruppe 1 soll mit der Druckbelüftung beginnen. Sollte ein zweiter Lüfter vorhanden sein, kommt dieser zum Einsatz, wenn Gruppe 2 ihren Auftrag erledigt hat.

Nach erfolgter Brandbekämpfung übernehmen beide Gruppen gemeinsam die Aufräumungsarbeiten.

Das Fortschaffen der drei Waggons erfolgt durch das Bahnpersonal.

Übungsbeispiel 10 – Holzbaracke

Zug (1/1/16), 2 LF 20

1 Lagefeststellung

Ort/Zeit/Wetter: Sportplatz Rot/Weiß – 15.00 Uhr – Hochsommer – Westwind.

Eingeschossige Umkleidebaracke mit harter Bedachung, 30 × 6 m, nicht unterkellert – starke Flammen- und Rauchbildung an der Ostseite – Personen zurzeit nicht anwesend – Nachbargebäude in gleicher Bauart in 10 m Entfernung (▶ Bild 21). Das Gebäude besitzt an den Längsseiten je zwei Eingänge und an den Stirnseiten je zwei Fenster.

5 Übungsbeispiele für einen Zug

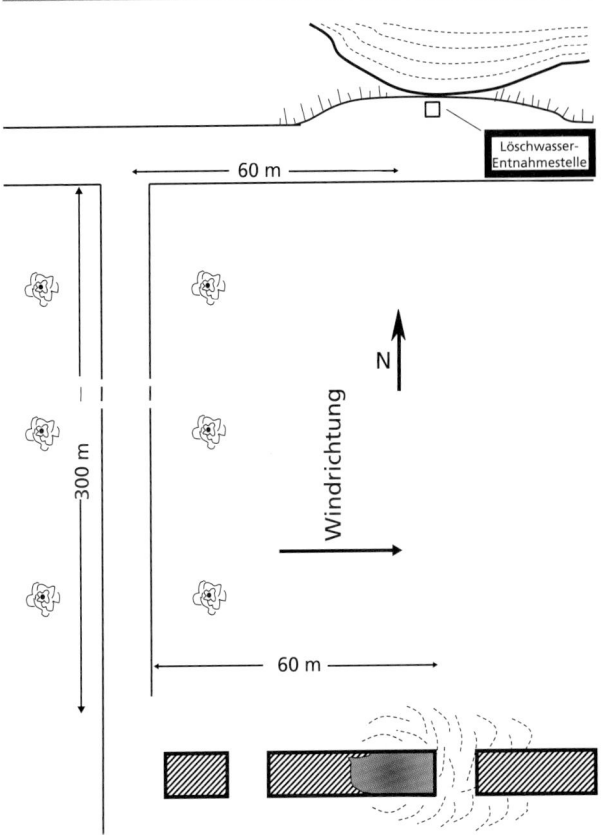

Bild 21: *Lage bei Eintreffen (Holzbaracke)*

Das Gebäude befindet sich in Vollbrand (Stoffe der Brandklasse A). Geschätzte Branddauer: 30 bis 40 Minuten.

Löschwasser nur durch Saugschacht am Teich, Entfernung von der Brandstelle etwa 420 m. Zwischen Teich und Brandobjekt beträgt der Höhenunterschied etwa 23 m.

2 Planung

2.1 Beurteilung

Durch Ausbreitung des Brandes besteht Gefahr für Sachwerte – Brandobjekt und Nachbarschaft. Der Schwerpunkt liegt in der Verhinderung der gleichzeitigen Ausbreitung des Brandes nach zwei Seiten, insbesondere zur Nachbarbaracke wegen der dort offen stehenden Fenster. Die verhältnismäßig große Entfernung zwischen Brandobjekt und Löschwasserentnahmestelle führt dazu, dass eine Gruppe mit der Herstellung der Wasserversorgung gebunden sein wird. Die vorhandenen Kräfte reichen zur Brandbekämpfung und zum Aufbau der Förderstrecke aus. Als Löschmittel kommt nur Wasser in Betracht.

2.2 Entschluss

Der Zugführer entschließt sich, Gruppe 1 vorerst zur Abriegelung des Brandes an der Stirnseite, später zur Einkreisung (umfassender Angriff) einzusetzen. Vorsorglich geschätzter Bedarf an Strahlrohren: 4 C-Rohre mit abgeschraubtem Mundstück, das entspricht ca. 800 l/min. Aus dem Löschwasserbehälter des 1. LF 20 kann nur eine Riegelstellung gespeist werden. Aufgrund seiner Ortskenntnis lässt der Zugführer durch Gruppe 2 eine Förderstrecke – Reihenschaltung – aufbauen, Wasserversorgung für das 1. C-Rohr mit Mundstück (ca. 100 l/min) durch den Löschwasserbehälter.

Das 1. Fahrzeug lässt der Zugführer zur Verkürzung der Schaltreihe etwa 60 m vor der Brandstelle aufstellen.

3 Befehlsgebung

Befehle des Zugführers:

»Brennt Baracke, droht auf Nachbargebäude überzugreifen.«

»Gruppe 1, Brandausbreitung zum ostwärtigen Gebäude verhindern, Fahrzeugaufstellung auf der Zuwegung bei der ersten Baracke, Wasserentnahme von Gruppe 2, der Gruppe 2 entgegenarbeiten, wenn Wasserversorgung steht, umfassende Brandbekämpfung!«

»Gruppe 2, Löschwasserversorgung, Wasserentnahmestelle Saugschacht am Teich, Schaltreihe für 800 l/min aufbauen!«

4 Kurzbeschreibung der Übung mit Begründung der Maßnahmen

Der sofortige Einsatz des 1. C-Rohres an der Stirnseite der Baracke und dessen Wasserversorgung aus dem Löschwasserbehälter des Fahrzeugs sind notwendig, um die Gefahr einer Brandausbreitung auf die Nachbarbaracke zu beseitigen und gleichzeitig einen Teil der für den Aufbau der Förderstrecke erforderlichen Zeit zu überbrücken. Der Zugführer kann sofort ersehen, dass der von ihm geschätzte notwendige Förderstrom von 800 l/min bei der vorliegenden Entfernung und dem ihm bekannten Höhenunterschied durch zwei Feuerlöschkreisel-

5 Übungsbeispiele für einen Zug

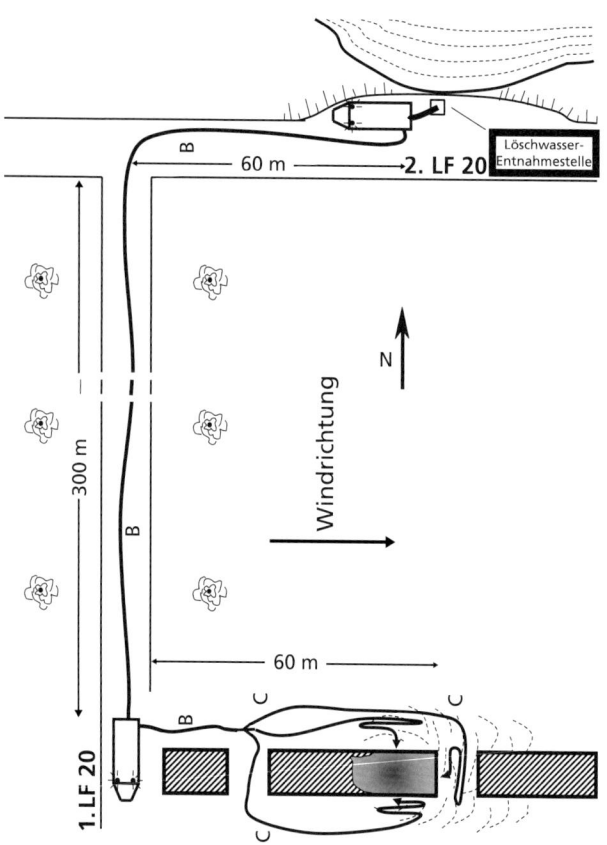

Bild 22: *Lageplan mit Maßnahmen (Holzbaracke)*

pumpen bei einer B-Leitung möglich ist. Wenn sich im Verlauf der Brandbekämpfung herausstellt, dass drei C-Rohre mit 600 l/min genügen, ist das mit der bereitgestellten Wassermenge abgedeckt, jedoch nicht überdimensioniert. Das Verlegen einer B-Leitung durch Gruppe 1 in Richtung Wasserentnahmestelle muss erfolgen, weil der B-Schlauch-Bestand des zweiten Fahrzeugs für den Pumpenabstand von etwa 360 m nicht ausreicht.

Nach Fertigstellung der Schaltreihe nimmt Gruppe 1 das 2. C-Rohr zur Bekämpfung des Brandes vor. Gruppe 2 übernimmt das 3. C-Rohr, die Stellung des Sicherheitstrupps und die Schlauchaufsicht mit der Verlegung von Schlauchbrücken und der Bereitstellung von je einem Rollschlauch auf sechs bis sieben B-Längen. Für die Verlegung der B-Leitung zwischen den Pumpen ist jeweils die günstigste Fahrbahnseite vorzusehen. Sind Druckbegrenzungsventile vorhanden, werden diese eine Länge vor den Saugstutzen der Feuerlöschkreiselpumpen, hier der Brandstellenpumpe, und vor dem Verteiler eingebaut.

Der Melder gibt über Funk die nachstehende **Lagemeldung** des Zugführers an die Leitstelle:
»Barackenbrand auf Sportplatz Rot/Weiß – drei C-Rohre im Einsatz – Brand unter Kontrolle – Einsatzdauer noch etwa 30 Minuten!«

5 Übungsbeispiele für einen Zug

Anmerkung:

- Der *Förderstrom* bzw. Wasserfluss ist die Löschwasserlieferung je Minute.
- Die *Förderstrecke* ist die Entfernung von der Wasserentnahmestelle bis zum Verteiler.
- Die *Reihenschaltung* – auch Schaltreihe genannt – ist das »Hintereinanderschalten« von mindestens zwei Feuerlöschkreiselpumpen zur Herstellung einer Förderstrecke. Eine Reihenschaltung wird erforderlich, wenn eine Pumpe allein wegen des Höhenunterschiedes oder der zu großen Entfernung zwischen Wasserentnahmestelle und Brandstelle den benötigten Förderstrom nicht liefern kann. Die Schaltreihe beginnt an der Wasserentnahmestelle mit der »Nullpumpe« und endet an der »Brandstellenpumpe« (letzte Pumpe vor dem Verteiler). Dazwischen eingesetzte Pumpen werden als »Verstärkerpumpen« bezeichnet. Die Verlegung einer B- oder Doppel-B-Leitung innerhalb der Schaltreihe richtet sich nach dem benötigten Förderstrom und nach dem verfügbaren Schlauchbestand.
- Die *Strahlrohrstrecke* ist die Entfernung von der Brandstellenpumpe bis zu den Strahlrohren. Bei allen Berechnungen werden immer die Höhenunterschiede zwischen der Wasserentnahmestelle und den Strahlrohren berücksichtigt.

5 Übungsbeispiele für einen Zug

Übungsbeispiel 11 – Wohnhaus

Zug (1/1/13), LF 20 (besetzt mit Staffel) und LF 20 (Gruppe)

1 Lagefeststellung
Ort/Zeit/Wetter: Berliner Straße Nr. 40 – 22.00 Uhr – Herbst – mäßiger Wind aus Südost.

Viergeschossiges älteres Mehrfamilienhaus in Mauerwerkbauart mit Satteldach in geschlossener Bebauung, je ein Eingang an der Straßen- und Hofseite – aus dem rechten Fenster im 2. Obergeschoss (▶ Bild 23) starke Rauchentwicklung – am 3. Fenster von rechts im 3. Obergeschoss Hilferufe eines Mannes – die übrigen Hausbewohner haben bis zum Eintreffen der Feuerwehr das Gebäude bereits verlassen.

Gegenüberliegende Häuser und Nachbargebäude in derselben Bauart; durch über Dach geführte Brandwände vom Brandobjekt getrennt. Alle Treppenläufe bestehen aus unterseitig verputztem Holz, die Geschossdecken sind Holzbalkendecken mit Einschub. Die Holzfußböden sind größtenteils mit einem Belag aus Kunststoff versehen. Die Abschlüsse zum Keller und Dachboden sind – wie alle übrigen Türen – einfache Holztüren und geschlossen. Der Dachraum ist nur durch Lattenverschläge unterteilt, in denen vorwiegend ausrangiertes Mobiliar untergestellt ist.

In einem Schlafzimmer des 2. Obergeschosses brennen Fußboden, Betten und andere Einrichtungsgegenstände (Stoffe der Brandklasse A). Geschätzte Branddauer: eine Stunde. Löschwasser durch Sammelwasserversorgung, Unterflurhydrant.

5 Übungsbeispiele für einen Zug

Bild 23: *Ansicht bei Eintreffen (Wohnhaus)*

Beim Öffnen der Flurtür durch eine zurückgekehrte Mieterin dringt sofort starker Rauch in den Treppenraum und wahrscheinlich auch in das darüber liegende Geschoss. In ihrer Aufregung läuft die Mieterin anschließend nach unten, ohne die Flurtür zu schließen.

5 Übungsbeispiele für einen Zug

2 Planung

2.1 Beurteilung
Der um Hilfe rufende Mann ist einerseits durch Ausbreitung des Brandes in dem Treppenraum gefährdet, andererseits von einem Branddurchbruch durch die hölzerne Geschossdecke bedroht. Ebenso bestehen für Sachwerte Gefahren durch Ausbreitung des Brandes. Der Mann ist aber vor allem durch Atemgifte (starker Rauch, zum Teil vom Kunststoffbelag des Fußbodens) bedroht. Für eigene Kräfte besteht ebenfalls Gefahr durch Atemgifte.

2.2 Entschluss
Der Zugführer entschließt sich zum getrennten Einsatz von Staffel und Gruppe und zur sofortigen **Lagemeldung:**
»Eine Person in Gefahr. Ein RTW zur Einsatzstelle!«
Die Staffel führt die Brandbekämpfung und die ersten Sicherungsmaßnahmen durch, die Gruppe übernimmt die Personenrettung über die dreiteilige Schiebleiter. Die Beruhigung der um Hilfe rufenden Person übernimmt der Führer der Gruppe selbst. Als Reserve und ggf. Ablösung der Atemschutztrupps entschließt sich der Zugführer, eine weitere Gruppe nachzufordern.

3 Befehlsgebung
Befehle des Zugführers:
»Wohnungsbrand 2. OG, Person im 3. OG gefährdet.«
»Gruppe: Menschenrettung über Schiebleiter, Atemschutz-Sicherheitstrupp stellen, Wasserversorgung für Staffel aus Unterflurhydrant herstellen!«

5 Übungsbeispiele für einen Zug

»Staffel: Fensterimpuls und Brandbekämpfung über Treppenraum!«

4 Kurzbeschreibung der Übung mit Begründung der Maßnahmen

Da Menschenrettung allen anderen Maßnahmen vorgeht, muss der Zugführer die mit der Schiebleiter ausgestattete Gruppe sofort zur Rettung des Mannes einsetzen, zumal eine Rettung durch den Treppenraum zu riskant ist, weil sie an der offenen Tür der Brandwohnung vorbeiführte. Der Maschinist leuchtet das Leitermanöver mit dem Arbeitsstellen-Scheinwerfer aus. Eine Vornahme des Sprungpolsters ist nicht angebracht und bei der Geschosshöhe und der schlechten Sicht auch gefährlich. Der Einsatz des S-Rohres kommt wegen der Länge des Angriffsweges (und weil in kurzer Folge zwei Rohre eingesetzt werden sollen) nicht in Betracht. Der Fensterimpuls (hier das Spritzen mit einem C-Rohr mit Vollstrahl von unten durch das Fenster gegen die Decke des Brandraumes) erzeugt Sprühwasser, das einen sofortigen ersten Beitrag zur Brandbekämpfung leistet, die Gefahr des Durchbrennens der Decke mindert und die thermische Aufbereitung des Brandrauches unterbricht und so dem vom Treppenraum her vorrückenden Angriffstrupp zu weniger Gefährdung und schnellerem Erfolg verhilft. Ferner gibt dieses Vorgehen dem Angriffstrupp Zeit, zunächst einen Rauchverschluss zu montieren, bevor er in die Brandwohnung eindringt, was möglicherweise auch die Menschenrettung erleichtert, die dann ggf. doch statt über die Leiter durch den Treppenraum unter Benutzung einer Fluchthaube erfolgen kann.

5 Übungsbeispiele für einen Zug

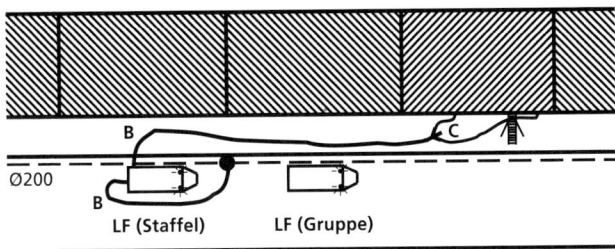

Bild 24: *Lageplan (Wohnhaus)*

Nach Beginn wirksamer Maßnahmen durch den Angriffstrupp im Innenangriff sichert der Wassertrupp der Staffel (der zunächst den Fensterimpuls durchführte) die über dem Brandraum liegende Wohnung im 3. Obergeschoss durch Vornahme eines weiteren C-Rohres. Hierfür kommt das vom Fensterimpuls schon vorhandene – ggf. zu verlängernde – Rohr, das mithilfe einer Feuerwehrleine außen an der Fassade hochgezogen werden kann, in Betracht.

Die Herstellung der Wasserversorgung aus dem Unterflurhydranten erfolgt, wenn die Menschenrettung eingeleitet und der Sicherheitstrupp ausgerüstet ist. Nach Abschluss der Personenrettung sichert die Gruppe vorsorglich die gesamte Brandstellenumgebung; die Schiebleiter bleibt in Stellung.

Der Zugführer gibt durch den Melder an die Leitstelle sofort die nachstehende

1. **Lagemeldung:**
»Berliner Straße 40, starke Rauchentwicklung im 2. OG, eine Person im Geschoss darüber

5   Übungsbeispiele für einen Zug

Bild 25: *Ansicht mit Maßnahmen (Wohnhaus)*

eingeschlossen, Rettung über Schiebleiter eingeleitet, benötigen weitere Löschgruppe.«

Danach erfolgt etwas später die

2. Lagemeldung:
»Erstes Rohr unter Atemschutz im Einsatz.«

Nach Rettung des Mannes folgt die

3. **Lagemeldung:**
»Menschenrettung durchgeführt – 2. C-Rohr eingesetzt – Brand unter Kontrolle – Einsatzdauer noch etwa eine Stunde!«

Übungsbeispiel 12 – Holzlagerplatz

Zug (1/3/18), ELW 1 und 2 LF 20

1 Lagefeststellung
Ort/Zeit/Wetter: Kanalstraße Ecke Uferstraße – 19.00 Uhr – Sommer – mäßiger Wind aus Norden.

Holzlagerplatz, etwa 5000 m² groß, völlig mit Maschendraht umzäunt. Neben dem Haupttor liegt ein zweigeschossiges Bürogebäude in Fachwerkbauart mit Walmdach und harter Bedachung. Auf dem Platz sind Holzstapel verschiedener Art und Höhe gelagert.

In der Platzmitte starke Flammen- und Rauchbildung – keine Personen auf dem Platz und im Bürogebäude – vor dem Tor erwartet der Wachdienst die Feuerwehr – als Nachbarschaft in einer Entfernung von etwa 40 m in südlicher Richtung viergeschossige, moderne Wohnhäuser in geschlossener Bebauung (▶ Bild 26).

Die Fahrstraßen auf dem Platz sind asphaltiert, der übrige Teil ist unbefestigt. An der Kanalseite liegt eine zweite Toreinfahrt. Auf dem Platz stehen durch Freileitungen verbundene Betonlichtmasten mit Kraftsteckdosen.

5 Übungsbeispiele für einen Zug

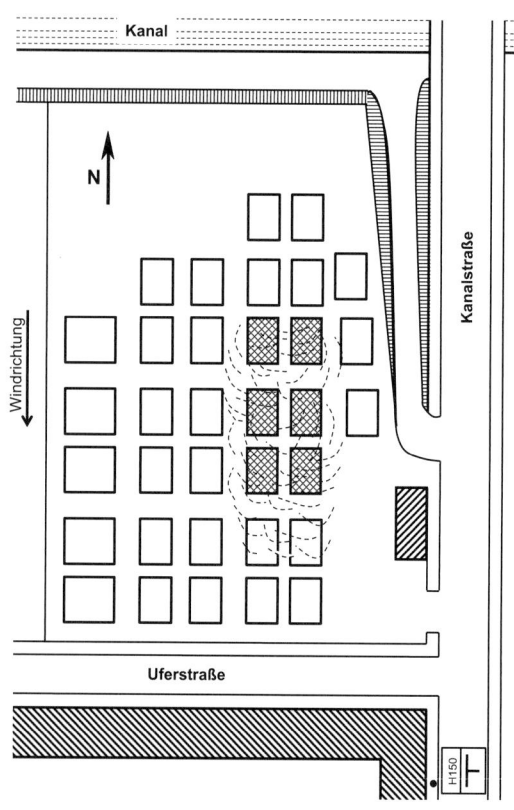

Bild 26: *Lageplan (Holzlagerplatz)*

5 Übungsbeispiele für einen Zug

Es brennen einige kleinere Stapel mit Lattenholz für Dachlatten, zum Teil in voller Ausdehnung (Stoffe der Brandklasse A). Brandursache unbekannt, Branddauer etwa 30 Minuten. Löschwasserversorgung durch Sammelwasserleitung und offenes Gewässer (Kanal).

2 Planung

2.1 Beurteilung

Durch Ausbreitung des Brandes besteht Gefahr für Sachwerte. Eigene Kräfte können durch Abreißen von Freileitungen (Einstürze!) gefährdet werden; gleichzeitig ist damit die Gefährdung durch Elektrizität gegeben. Zunächst ist die Gefährdung der eigenen Kräfte durch die unter Spannung stehenden Freileitungen zu beseitigen, um die Voraussetzung für einen ungehinderten Löschangriff zu schaffen. Der Schwerpunkt liegt bei der Verhinderung eines Übergreifens des Brandes auf die Nachbarstapel. Bei der Möglichkeit einer Brandausbreitung nach allen Richtungen auf dem großen Platz reichen die eigenen Kräfte zur erfolgreichen Bekämpfung des Brandes nicht aus. Angesichts der beiden voneinander unabhängigen und entfernt liegenden Löschwasserentnahmestellen ist die beste Entwicklungsform für den Zug – auch im Hinblick auf später eintreffende Kräfte – die beiden Gruppen getrennt von zwei Seiten mit jeweils eigener Wasserversorgung vorgehen zu lassen.

2.2 Entschluss
Aufgrund des Schadenumfangs entschließt sich der Zugführer zur sofortigen Nachforderung von Kräften, um den Brand bekämpfen zu können.

Gruppe 1 übernimmt die Brandbekämpfung mit Löschwasserentnahme aus dem Kanal, Gruppe 2 trägt den Löschangriff mit Wasserentnahme aus der Sammelwasserversorgung vor. Der Führungsassistent kümmert sich um die Stromabschaltung. Melder und Fahrer des ELW veranlassen durch Zurufen von der Uferstraße die Hausbewohner zum Schließen ihrer Fenster.

3 Befehlsgebung
Befehle des Zugführers:
»Brand mehrerer Holzstapel, droht sich großflächig auszubreiten.«
»Befehlsstelle ELW außerhalb des Geländes an Hauptzufahrt.«
»Führungsassistent, Stromabschaltung veranlassen!«
»Gruppe 1, Brandbekämpfung von Norden durch das Kanaltor, Wasserentnahmestelle Kanal!«
»Gruppe 2, Brandbekämpfung von Süden durch das Haupttor, Wasserentnahmestelle Unterflurhydrant Kanalstraße!«
»Melder und ELW-Fahrer, Uferstraße Fenster schließen lassen!«

5 Übungsbeispiele für einen Zug

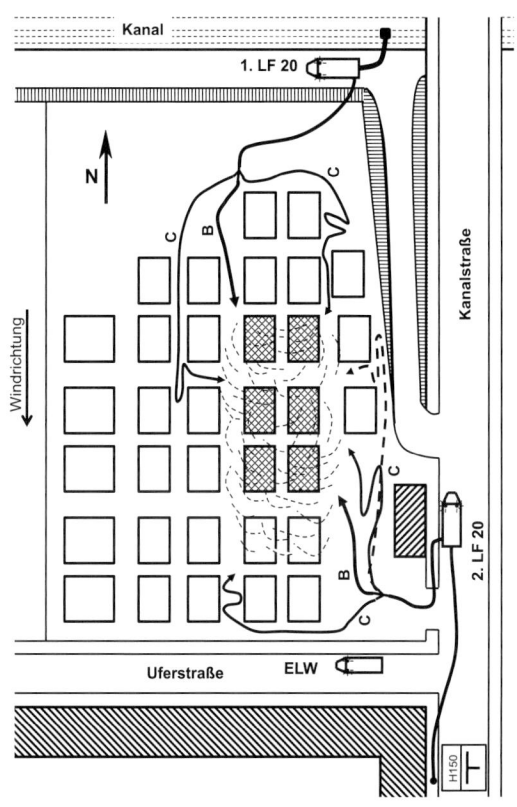

Bild 27: *Lageplan mit Maßnahmen (Holzlagerplatz)*

4 Kurzbeschreibung der Übung mit Begründung der Maßnahmen

Der Zugführer muss bereits bei der Anfahrt aus der starken Flammen- und Rauchbildung auf eine kritische Lage schließen. Er fordert daher schon während der Anfahrt über Funk vorsorglich zwei Gruppen nach.

Gruppe 1 setzt der Zugführer bewusst von der Kanalseite ein, obwohl die Windrichtung den 1. Angriff durch das Haupttor erfordern würde. Gruppe 1 kann dadurch ohne Verzögerung durch die Kanalstraße weiterfahren und sofort die Saugleitung verlegen.

Gruppe 2 trägt bei der günstigen Wasserentnahme aus dem Hydranten und bei den kurzen Schlauchleitungen den Angriff ohnehin schneller vor.

Der Führungsassistent informiert das Energieversorgungsunternehmen und schaltet mithilfe des Wächters die Freileitungsanlage ab, damit die Leitung noch vor dem Löschangriff spannungslos wird.

Die Gruppen verwenden je ein C-Rohr mit Sprühstrahl als »Mannschutz«, um die Trupps an den B-Rohren vor der starken Wärmestrahlung zu schützen.

In ihren Bereichen können die Gruppen den Brand nur »abriegeln«, die stets anzustrebende Umfassung (Einkreisung) ist ohne Hilfe der nachalarmierten Kräfte nicht möglich.

Der Einsatz von Stützkrümmern erlaubt, an jedem B-Rohr nur einen Trupp einzusetzen. Der Zugführer weist die Gruppenführer an, das eventuelle Herabfallen von Freileitungen zu berücksichtigen.

Im Sinne der Auftragstaktik entscheiden die Gruppenführer, in welchem Umfang sie Atemschutz einsetzen müssen.

Wegen des getrennten Vorgehens sorgen sie dann auch selbst für einen Sicherheitstrupp. Für die Gruppe 2, die die Abriegelung gegen die Windrichtung vornimmt, wird Atemschutz von Anfang an unerlässlich sein, für Gruppe 1 dann, wenn sich die Trupps dem Feuer nähern. Zu bedenken ist, dass die Fahrzeuge Atemschutz nur für zusammen vier Trupps mitführen. Das bedeutet, dass die Vornahme aller in ▶ Bild 27 zu sehenden Rohre erst mit Unterstützung der nachgeforderten Kräfte möglich ist.

1. **Lagemeldung** (auf der Anfahrt)
   »Kanalstraße, starke Flammen- und Rauchentwicklung, zwei weitere Löschgruppen alarmieren!«
2. **Lagemeldung**
   »Kanalstraße, Großbrand Holzlager, 3 C-Rohre zur Abriegelung von zwei Seiten eingesetzt!«

Nach dem Einsatz der zwei nachalarmierten Gruppen erfolgt

3. **Lagemeldung**
   »1 weiteres C-Rohr und zusätzlich 2 B-Rohre, somit 4 C- und 2 B-Rohre eingesetzt!«
4. **Lagemeldung**
   »Brand unter Kontrolle, Dauer der Aufräum- und Nachlöscharbeiten unbestimmt.«

5 Übungsbeispiele für einen Zug

Anmerkung:

Für größere Brände auf Holzlagerplätzen sind B-Rohre das ideale Angriffsmittel, vorausgesetzt dass genügend Löschwasser und Mannschaften zur Verfügung stehen. Die starke Glutbildung lässt sich mit B-Rohren besonders gut bekämpfen, ein Wasserschaden zusätzlich zum Brandschaden kommt kaum in Betracht.

Mithilfe von Verteiler, C-Schlauch, Stützkrümmer und B-Strahlrohr lässt sich behelfsmäßig ein »Wasserwerfer« bauen.

6 Übungsbeispiele Technische Hilfeleistung

Übungsbeispiel 13 – Verkehrsunfall

Gruppe (1/8), LF 10 mit Hilfeleistungssatz

1 Lagefeststellung

Ort/Zeit/Wetter: Bundesstraße, außerhalb geschlossener Ortschaft, Geschwindigkeitsbegrenzung auf 70 km/h – 16.00 Uhr – Frühjahr – regnerisch, schwacher Wind aus wechselnden Richtungen.

Auf kurvenreicher nasser Straße ist infolge überhöhter Geschwindigkeit ein Pkw gegen einen Baum geschleudert. Der Fahrer als einziger Insasse ist eingeklemmt. Der Airbag ist ausgelöst. Treibstoff läuft aus. Es herrscht der Tageszeit entsprechend reger Verkehr. Die Polizei ist gerade an der Unfallstelle eingetroffen.

2 Planung

2.1 Beurteilung
Die Unfallstelle liegt im Bereich einer Kurve (▶ Bild 28). Für den verletzten Fahrer und die Einsatzkräfte bestehen erhöhte Gefährdung durch den Verkehr und den auslaufenden Treibstoff. Ein Airbag ist bereits ausgelöst. Es muss mit schweren Verletzungen des Fahrers gerechnet werden. Die eigenen Kräfte reichen nicht aus. Insbesondere fehlt der Rettungsdienst.

6 Übungsbeispiele Technische Hilfeleistung

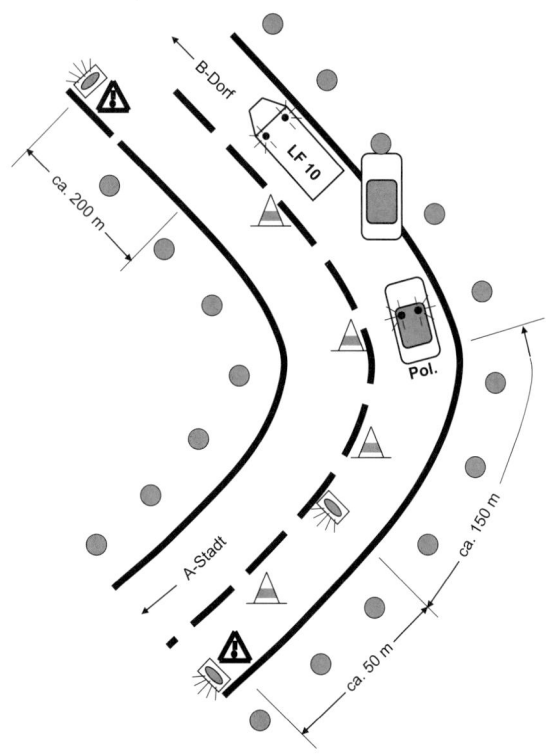

Bild 28: *Lageplan (Verkehrsunfall)*

2.2 Entschluss

Der Gruppenführer entschließt sich zur Sicherung der Einsatzstelle. Die Entstehung eines Brandes durch den auslaufenden Treibstoff ist zu verhindern. Der eingeklemmte Fahrer ist zu versorgen und zu befreien. Der Rettungsdienst mit Notarzt und ein TLF sind anzufordern.

3 Befehlsgebung

Befehle des Gruppenführers:

»In Pkw Fahrer eingeklemmt.«
»Angriffstrupp, zur Rettung und Betreuung des Fahrers mit Krankentrage und Sanitätsgerät,
Wassertrupp, Warnkleidung anlegen, zur Verkehrssicherung mit Verkehrsleitkegeln und Warnlampen 200 m beiderseits der Unfallstelle, nach hinten mindestens 50 m hinter der Kurve,
Schlauchtrupp, zur Befreiung des Fahrers mit Spreizer und Schere,
Melder, zur Brandsicherung mit Pulverlöscher – vor!«

4 Kurzbeschreibung der Übung mit Begründung der Maßnahmen

Die besondere Gefährdung der Einsatzkräfte und des eingeklemmten Pkw-Fahrers an der Einsatzstelle ergibt sich aus dem zu dieser Tageszeit erheblichen Verkehrsaufkommen und durch den auslaufenden Treibstoff. Da es sich um eine kurvenreiche Bundesstraße handelt und die Fahrgeschwindigkeiten erfahrungsgemäß hoch sind, ist bei der Absicherung besonders auf den notwendigen Abstand der Warneinrichtungen von der Einsatzstelle zu achten. Der Wassertrupp nimmt deshalb die Eigensicherung vor. Bis zum Eintreffen des Rettungsdienstes muss der eingeklemmte Fahrer durch den Angriffstrupp versorgt werden. Die Befreiung des Fahrers mit technischem Gerät übernimmt der Schlauchtrupp.

Da die eigenen Kräfte nicht ausreichen, gibt der Gruppenführer folgende **Lagemeldung:**

»**Auf Bundesstraße 7, ca. 3 km hinter Ortsausgang A-Stadt in Richtung B-Dorf, Verkehrsunfall mit eingeklemmter Person. Es läuft Treibstoff aus. RTW, Notarzt und TLF zur Einsatzstelle. Polizei am Einsatzort.**«

5 Weiterer Verlauf

Nachdem die Erstmaßnahmen eingeleitet sind, lässt der Gruppenführer aus Sicherheitsgründen die Batterie abklemmen. (Achtung! Eventuell kann eine Zusatzbatterie vorhanden sein, Auskunft darüber gibt die Rettungskarte.) Dies dient u. a. der Verringerung der Gefahr einer Entzündung der Betriebsstoffe durch Kurzschluss o. Ä. Damit wird in vielen Fällen auch die Auslösung evtl. noch vorhandener Airbags und Gurtstraffer verhindert, sicher ausgeschlossen werden kann dies aber nicht! Sicherheitseinrichtungen mit mechanischer Auslösung bleiben jedoch immer aktivierbar. Auf das notwendige Minimum reduziert werden müssen daher Situationen, bei denen sich Helfer zwischen nicht ausgelösten Airbags und dem Patienten befinden.

Der Gruppenführer überprüft die getroffenen Maßnahmen zur Verkehrssicherheit und lässt sie u. U. ergänzen. Die Verkehrslenkung obliegt der Polizei.

Wenn der Wassertrupp die Maßnahmen zur Verkehrssicherung durchgeführt hat, sollte er ein Rohr zum Brandschutz vornehmen, sofern das angeforderte TLF noch nicht eingetroffen ist.

Nach der Beendigung des Rettungseinsatzes sind eine evtl. Ölspur und der ausgelaufene Treibstoff mit Bindemitteln abzustreuen. Bis zur Bergung des Pkw ist der Brandsicherheitsposten (Wassertrupp bzw. Melder) in Bereitschaft zu belassen.

Der Gruppenführer händigt den Zündschlüssel der Polizei bzw. dem Abschleppdienst aus. Dadurch kann u. U. das Abschleppen des Pkw erleichtert werden (Lenkmöglichkeit).

Die Einsatzstelle ist der Polizei bzw. dem Straßenbaulastträger zu übergeben. Keinesfalls gibt die Feuerwehr die Unfallstelle selbst frei!

Übungsbeispiel 14 – Spedition

Gruppe (1/8), LF 10

1 Lagefeststellung
Ort/Zeit/Wetter: Gelände einer Spedition in einem Mischgebiet – Nachmittag – trocken, leichter Wind aus Westen.

Beim Beladen eines Lkw von einer Rampe aus (mittels eines Gabelhubwagens) ist ein Fass mit einer Flüssigkeit – gemeldet als Gefahrgut – von einer Palette auf den Boden gefallen. Es tritt ein Rinnsal der Flüssigkeit aus. Der Hof ist von den angrenzenden Speditionsgebäuden umgeben und zur Straße hin durch einen Zaun abgetrennt, der zwei Einfahrtstore aufweist. Auf der anderen Straßenseite befinden sich zwei einzeln stehende, zweigeschossige Häuser. Das Hofgelände ist zu einem Kanaleinlauf hin leicht geneigt. Neben dem Personal, das mit dem Beladen beschäftigt ist, befinden sich noch Personen im Verwaltungstrakt (▶ Bild 29).

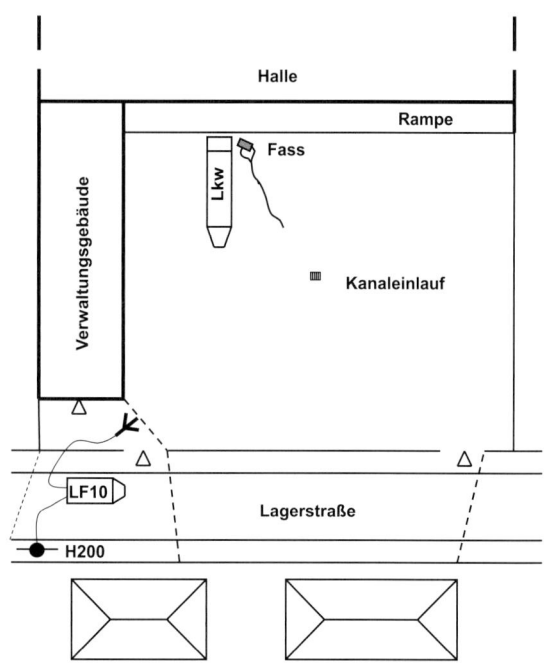

Bild 29: *Lageplan (Spedition)*

Auf der Straße nahe dem Gelände befindet sich ein Unterflurhydrant.

2 Planung

2.1 Beurteilung

Die Gefährlichkeit des Stoffes ist zunächst unbekannt. Nach GGVSEB gibt es neun Gefahrklassen, für allgemeine Maßnahmen lässt sich aber eine Einteilung in Gesundheitsgefahr, Brand- und Reaktionsgefahr vornehmen, wie sie im »Gefahrendiamanten« darstellbar ist. Nach dem Schema über die Gefahren der Einsatzstelle sind dies *Gefahren durch chemische Stoffe*. Die Flüssigkeit könnte Dämpfe entwickeln, also liegt Gefahr durch Atemgifte vor. Denkbar ist auch, dass der Stoff oder die Dämpfe so gefährlich – z. B. hautresorptiv – sind, dass man im unmittelbaren Gefahrenbereich Chemikalienschutzanzüge tragen muss (die ein LF 10 nicht mitführt).

Die Flüssigkeit läuft auf den Gully zu, also Gefahr durch Ausbreitung. Die Dämpfe könnten sich entzünden, was ebenfalls eine Ausweitung des Schadenereignisses wäre.

Hauptgefahren sind die *Ausbreitung* und die *Atemgifte*.

2.2 Entschluss

Der Gruppenführer entschließt sich, das Einlaufen der Flüssigkeit in die Kanalisation zu verhindern, den damit beauftragten Trupp durch Pressluftatmer zu schützen, die Einsatzstelle abzusperren, damit sich keine weiteren Personen in die Gefahrenzone begeben, und gegen die mögliche Brandgefahr Löschmittel bereitzustellen. Im Übrigen müssen die Lagefeststellung (Feststellung – wenn möglich – um welchen Stoff es sich handelt) fortgesetzt und zur endgültigen Beseitigung des Schadens Spezialkräfte (z. B. Gefahrgutzug) angefordert werden.

3 Befehlsgebung

Befehle des Gruppenführers:

»Läuft Flüssigkeit aus Fass aus.«
»Wasserentnahmestelle Unterflurhydrant.
Verteiler an Grenze Gefahrenbereich.
Angriffstrupp, zur Verhinderung des Eindringens in die Kanalisation mit Schaufeln unter PA zum Kanaleinlauf.
Wassertrupp, Atemschutz-Sicherheitstrupp und vierfachen Brandschutz: C-Rohr, Schaumrohr, Pulver- und CO_2-Löscher am Verteiler aufbauen.
Schlauchtrupp, zur Absperrung mit Flatterband und Verkehrsleitkegeln vom Verwaltungstrakt zur zweiten Hofeinfahrt über erste Hofeinfahrt und gegenüberliegende Straßenseite.
Melder, zur Warnung der Bewohner: »Türen und Fenster geschlossen halten!« zu den gegenüberliegenden Gebäuden – vor!«

4 Kurzbeschreibung der Übung mit Begründung der Maßnahmen

Im Rahmen der Ersterkundung nimmt der Gruppenführer Kontakt mit einem Verantwortlichen der Firma auf und gibt ihm dabei Verhaltensregeln für die Beschäftigten mit.

Da die Gefährdung, die von diesem Stoff ausgeht, durch die eigenen Kräfte nicht genau ermittelt werden kann und somit unbekannt ist, muss von der größtmöglichen Gefahr ausgegangen werden, die nur von Spezialkräften mit besonderer Ausrüstung bekämpft werden kann. Daher gibt der Gruppenführer folgende **Lagemeldung:**

»Lagerstraße 7, Spedition »Fern – Schnell – Gut«: Läuft unbekannte Flüssigkeit aus, ca. 200 Liter, benötigen Gefahrgutzug, beginnen mit Absperren und Eindeichen.«

Für Einsatzkräfte ohne entsprechende (Schutz-)Ausrüstung sind die Einsatzgrundsätze in der GAMS-Regel zusammengefasst:

- **G**efahr erkennen
- **A**bsperren
- **M**enschenrettung
- **S**pezialkräfte anfordern.

Würde hier das Eintreffen der Spezialkräfte abgewartet, könnte der Einsatz bis dahin sinnlos geworden sein. Andererseits soll der nur durch PA geschützte Trupp nicht zu nah an die Gefahrenquelle herangehen. Da die Flüssigkeit auf den Kanaleinlauf zuläuft, wird hier ein kleiner Erdwall aufgeworfen, der ein Ablaufen verhindert. Die Erde findet sich in der näheren Umgebung.

Gegen mögliche Brandgefahren werden Löschmittel bereitgehalten, die bei Bedarf vom Wassertrupp von der inneren Absperrung aus oder vom Angriffstrupp im Gefahrenbereich eingesetzt werden können. Bei brennbaren Flüssigkeiten bieten sich je nach Umfang insbesondere Schaum und Pulver an. Zusätzlich soll ein CO_2-Löscher bereitgestellt werden. Wassersprühstrahl kommt grundsätzlich auch in Betracht und kann eventuell zum Niederschlagen von Dämpfen eingesetzt werden. Außerdem kann damit eine Notdekontamination durchgeführt werden.

Die Absperrung erfolgt zunächst möglichst weiträumig. Da in den öffentlichen Straßenraum eingegriffen wird, muss die Polizei einbezogen werden, die diesen Bereich sichern soll. Das Markieren des Absperrbereiches übernimmt in diesem Beispiel der Schlauchtrupp.

5 Weiterer Verlauf

Nachdem die Erstmaßnahmen eingeleitet worden sind, muss im Rahmen der weiteren Erkundung der Stoff identifiziert oder zumindest eingegrenzt werden. In der Spedition sind die Begleitpapiere aufgefunden worden, die die Flüssigkeit als Aceton, Stoff-Nr. 1090, ausweisen.

Der Gruppenführer gibt diese Information an die Leitstelle weiter und erhält von dort Angaben über die Gefährlichkeit und Verhaltensregeln.

Nach den vorliegenden Informationen kann sich der Angriffstrupp mit PA (aber ohne CSA) dem Fass nähern und es so bewegen, dass keine weitere Flüssigkeit ausläuft. Hat das keinen Erfolg, käme noch ein Erdwall um das Fass in Betracht, um so den Ausbreitungsbereich weiter einzugrenzen.

Die Absperrgrenze kann auf das Betriebsgelände zurückgenommen werden.

Hinweis:
Eventuell notwendige weitere Maßnahmen sollte nach dessen Eintreffen der Gefahrgutzug übernehmen.

7 Fazit

Die Beispiele ab ▶ Kapitel 3 dienen der Aus- und Fortbildung von Gruppen- und Zugführern im Selbststudium. Der rote Faden ist der Führungsvorgang mit Lagefeststellung, Planung (Beurteilung, Entschluss) und Befehlsgebung. Jeder Einsatz ist anders, hat seine Besonderheiten. Durch Erkennen der Systematik, die allgemein in ▶ Kapitel 1 beschrieben ist, sollte es jeweils gelingen, Gefährdungen betroffener Personen, Tiere und Sachen zu erkennen und unter Beachtung der Sicherheit der eigenen Kräfte deren Abwehr nach Dringlichkeit gewichtet in die Wege zu leiten.

Erfahrungen sammeln, dabei eine Nachbetrachtung durchführen, ist durch nichts zu ersetzen. Vorbereiten kann man sich gedanklich anhand von beschriebenen Übungslagen oder durch die Übernahme einer Führungsaufgabe in Übungen wie in ▶ Kapitel 2 skizziert.

Als Ausblick sei gesagt, dass auch das Lesen von Einsatzberichten in Fachzeitschriften sehr nützlich ist, wenn man durchdenkt, wie man selbst aufgrund der beschriebenen Lage gehandelt hätte, oder prüft, ob man die Entscheidungen der Einsatzleitung nachvollziehen kann.

Weiterführende Literatur

AGBF/IdF/VdF Nordrhein-Westfalen: Fachempfehlung für die Brandbekämpfung zur Menschenrettung, 2019.

Feuerwehr-Dienstvorschriften (FwDV) 3, 7, 100 und 500, Kohlhammer/Deutscher Gemeindeverlag, Stuttgart.

Knorr, Karl-Heinz: Die Gefahren der Einsatzstelle, 9. Auflage, Verlag W. Kohlhammer, Stuttgart, 2018.

Reick, Michael: Mobiler Rauchverschluss, Die Roten Hefte 212, 4. überarbeitete und erweiterte Auflage, Verlag W. Kohlhammer, Stuttgart, 2015.

Rempe, Alfons; Klösters, Kurt; Slaby, Christoph: Das Planspiel als Entscheidungstraining, 3. Auflage, Verlag W. Kohlhammer, Stuttgart, 2015.

Schläfer, Heinrich: Das Taktikschema, Grundlagen der Einsatzführung, 4. Auflage, Verlag W. Kohlhammer, Stuttgart, 1998.

Schröder, Hermann: Brandeinsatz, Praktische Hinweise für die Mannschaft und Führungskräfte, Die Roten Hefte 9, 4. Auflage, Verlag W. Kohlhammer, Stuttgart, 2024.

Schröder, Hermann: Einsatztaktik für den Gruppenführer, Die Roten Hefte 10, 22. Auflage, Verlag W. Kohlhammer, Stuttgart, 2024.

Thorns, Jochen: Einheiten im Lösch- und Hilfeleistungseinsatz, Die praktische Anwendung der FwDV 3, Die Roten Hefte/Ausbildung kompakt 208, 7. Auflage, Verlag W. Kohlhammer, Stuttgart, 2017.

Wachtel, Rolf; Heide, Hans-Georg; Marxmüller, Herbert: Eisenbahnunfälle, Die Roten Hefte 74, 1. Auflage, Verlag W. Kohlhammer, Stuttgart, 2001.